天　羽◎著

北京科学技术出版社

第一乐章：启程 /11

第二乐章：岁星 /25

第三乐章：镇星 /37

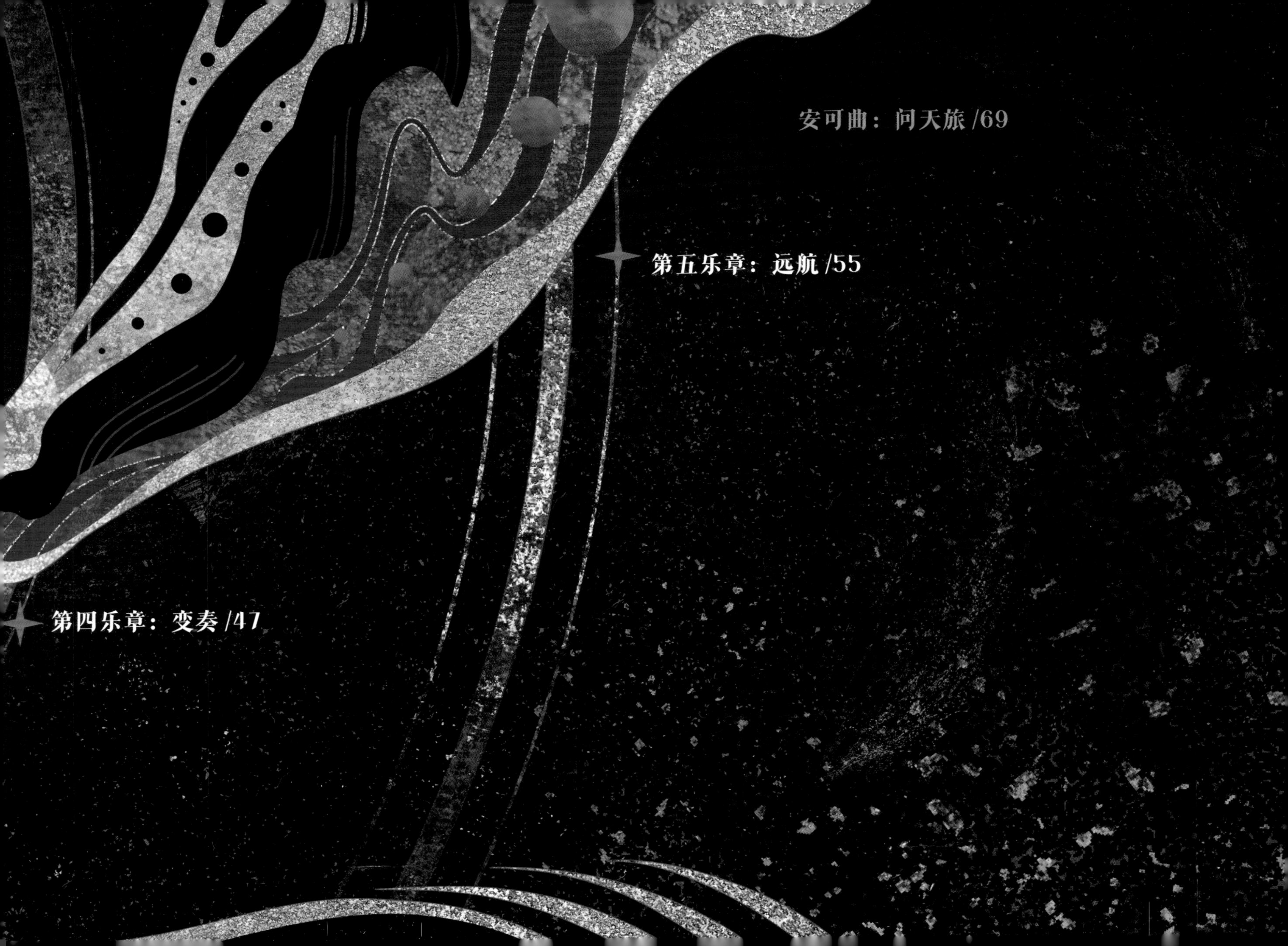

安可曲：问天旅 /69
第五乐章：远航 /55
第四乐章：变奏 /47

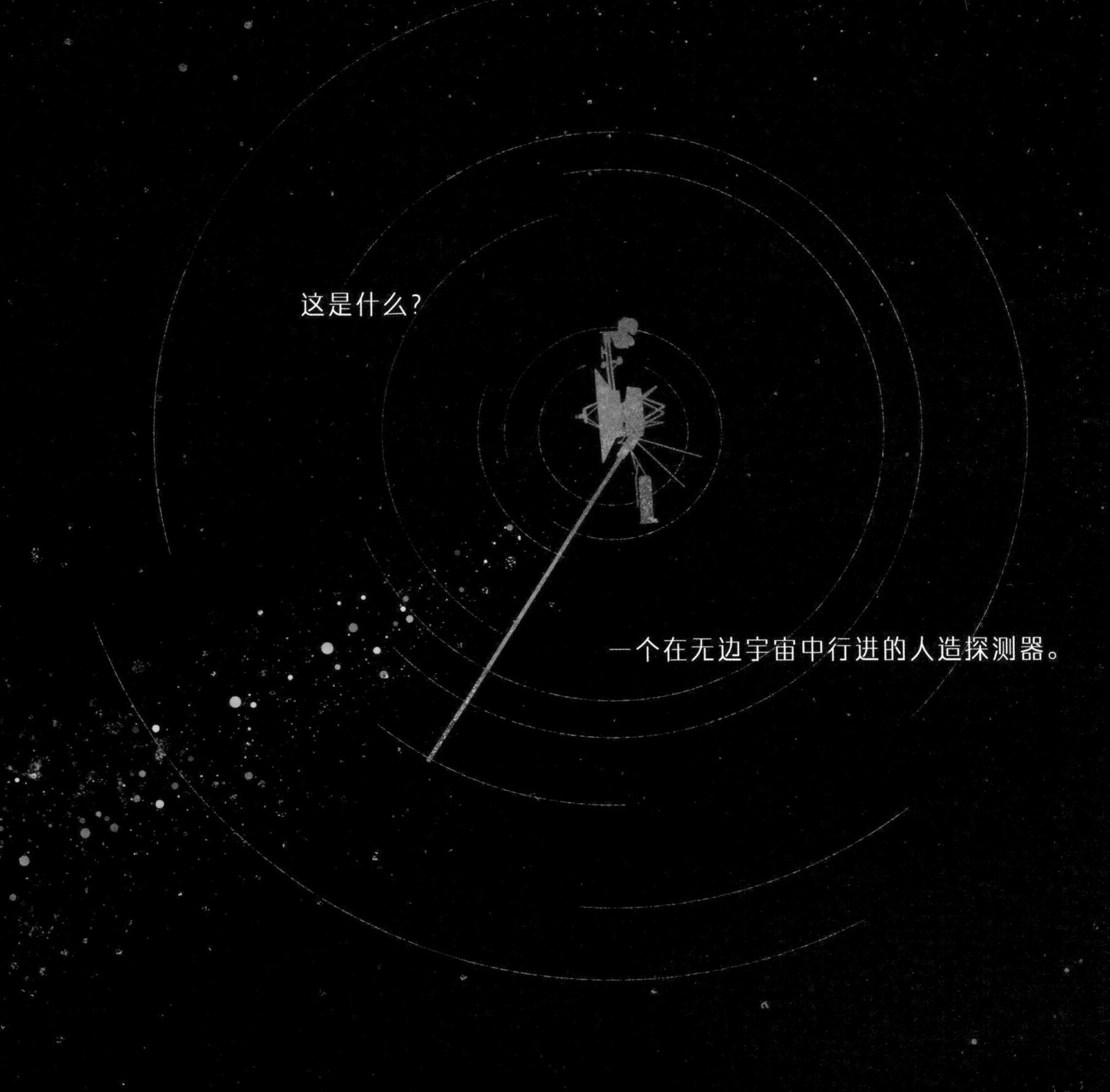

这是什么?

一个在无边宇宙中行进的人造探测器。

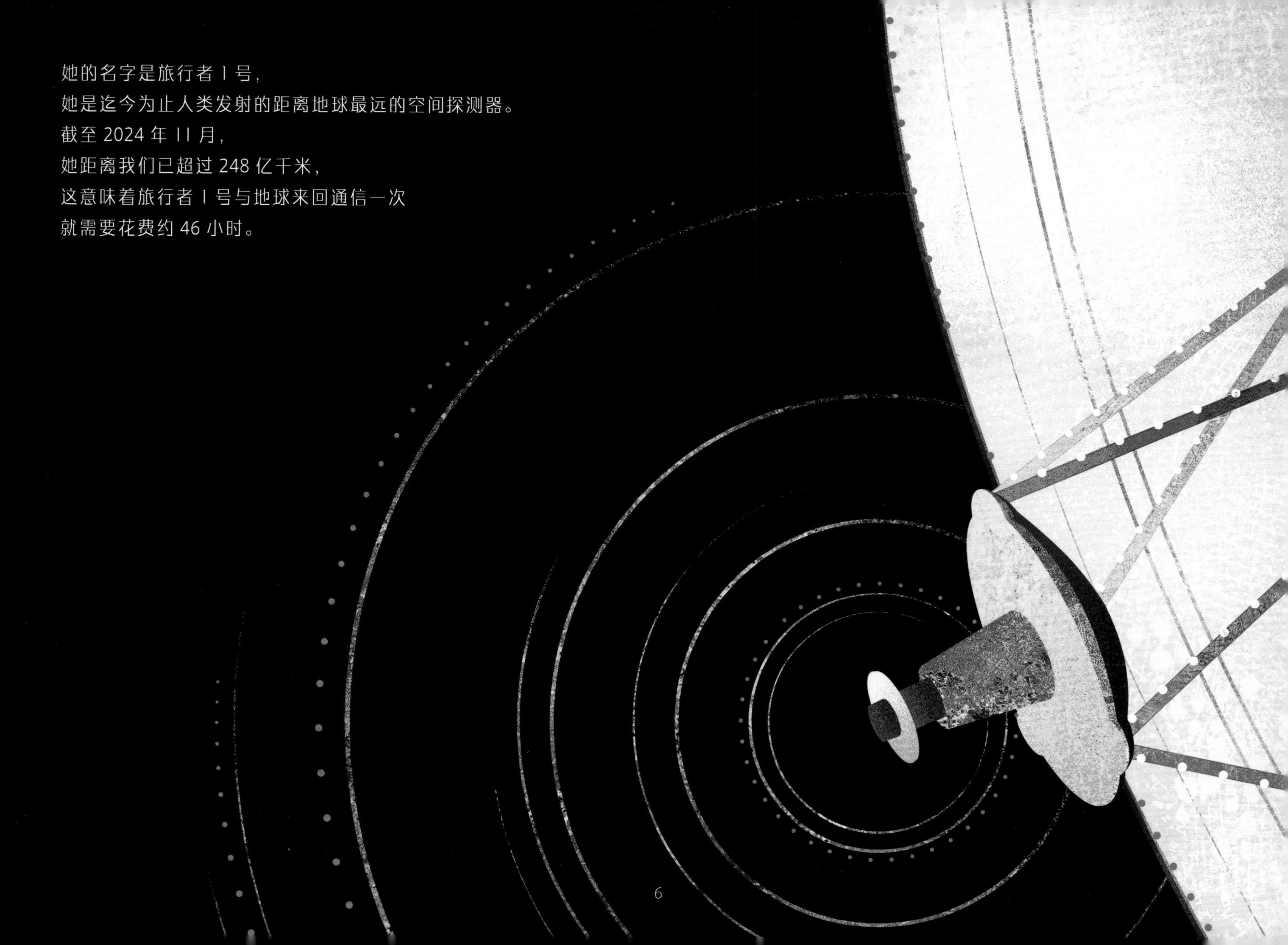

她的名字是旅行者 1 号，
她是迄今为止人类发射的距离地球最远的空间探测器。
截至 2024 年 11 月，
她距离我们已超过 248 亿千米，
这意味着旅行者 1 号与地球来回通信一次
就需要花费约 46 小时。

这位旅行者，

携带着著名的“金色唱片”。

这是一张铜质镀金的名片，

它存储着地球生命的图像与声音，

寄托着人类的好奇与愿望，

20 世纪中期，科学家通过计算行星的运行轨迹，发现一个千载难逢的探索机会即将到来。20 世纪 80 年代，木星、土星、天王星、海王星将呈现一种特别有利于探索的排列方式。届时，原本需要 30 年才能完成的关于这 4 颗行星的探索计划可以缩短至 12 年。

在这样的机缘下，原属于“水手号计划”中的水手 11 号与水手 12 号便被赋予了探测这 4 颗外行星及其卫星的任务。她们也分别被更名为我们所熟知的“旅行者 1 号”与“旅行者 2 号”。

一切准备就绪，人类对太阳系的外行星及其卫星的探索就此开始。

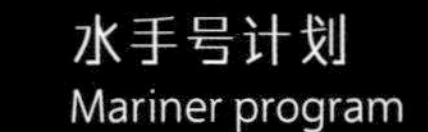

水手号计划

Mariner program

“水手号计划”是从 20 世纪 60 年代开始，由美国国家航空和航天局（NASA）主导的一项太空探索计划。在该计划发射的 10 个探测器中，有 7 个成功完成任务。这些探测器先后飞赴金星、火星和水星，为人类取得了照片等许多一手资料。

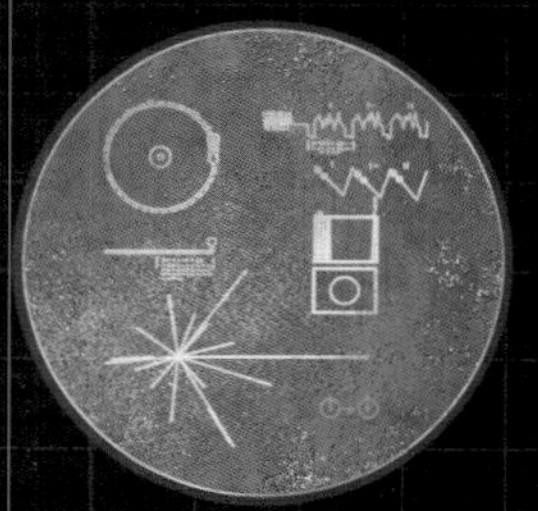

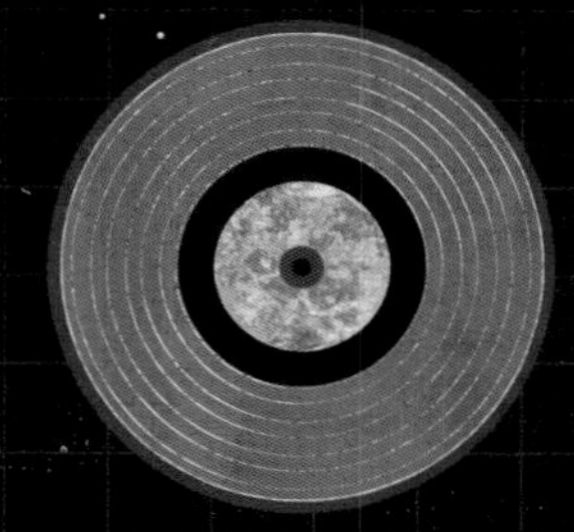

- “地球之声”唱片 -

两位旅行者都携带着前文中所提到的“金色唱片”。这两张唱片上收录了 115 张图片，多种大自然中的声音（包括风、雷和动物的叫声等），还有 55 种语言问好的录音，以及来自不同文化和年代的音乐，其中就有来自中国的古琴曲《流水》。

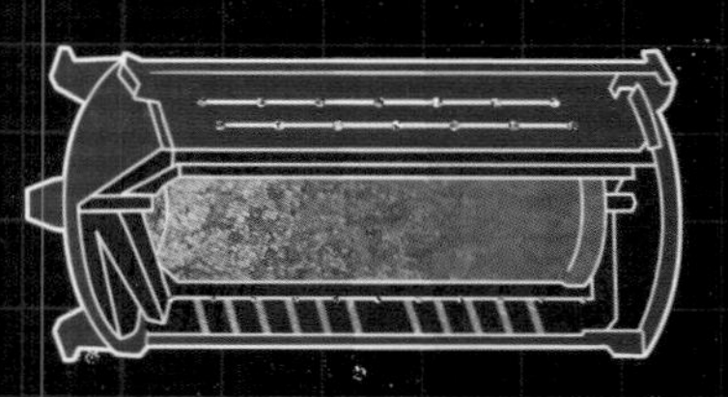

- 钚 -238 核电池 -

外太阳系离太阳很远，两位旅行者很难利用太阳能供电。放射性同位素热电机中使用的燃料是放射性同位素钚 -238，它可以将钚 -238 衰变产生的热能转化为电能，因此也被称为“核电池”。

红外干涉光谱仪和辐射计（IRIS）

用于探测天体上的温度和大气成分

紫外光谱仪（UVS）

用于探测天体结构、大气成分和紫外线辐射

等离子谱仪（PLS）

用于探测行星磁层和星际空间中的等离子体特性

宇宙射线探测仪（CRS）

成像科学系统（ISS）和偏振测光计（PPS）

负责拍摄沿途所见的天体以及探测行星表面、大气层和星环的光学特征

高增益天线（HGA）

负责接收或发送信号

磁强计悬杆（MAG）

负责探测行星和星际空间的磁场，以及行星磁层与太阳风的相互作用

电子设备舱

探测器的基础结构，金色唱片镶嵌于它的外侧

行星射电天文探测仪（PRA）和等离子波分系统（PWS）

放射性同位素热电机（RTG）

负责为旅行者所携带的仪器提供电力

旅行者在星际空间航行，
我们的思绪跟随微弱的信号，
回到宇宙中孤独的蓝色星球。

第一乐章：启程

1977—1978

1977 年 9 月 5 日，
旅行者 1 号于美国佛罗里达州发射升空。
更早的时候，
她的姊妹旅行者 2 号先行一步前往太空。

两位旅行者分别于 1977 年 8 月 20 日和 9 月 5 日发射升空。
二者沿着两条不同的轨道飞行，共同担负探测太阳系的外行星及其卫星的任务。

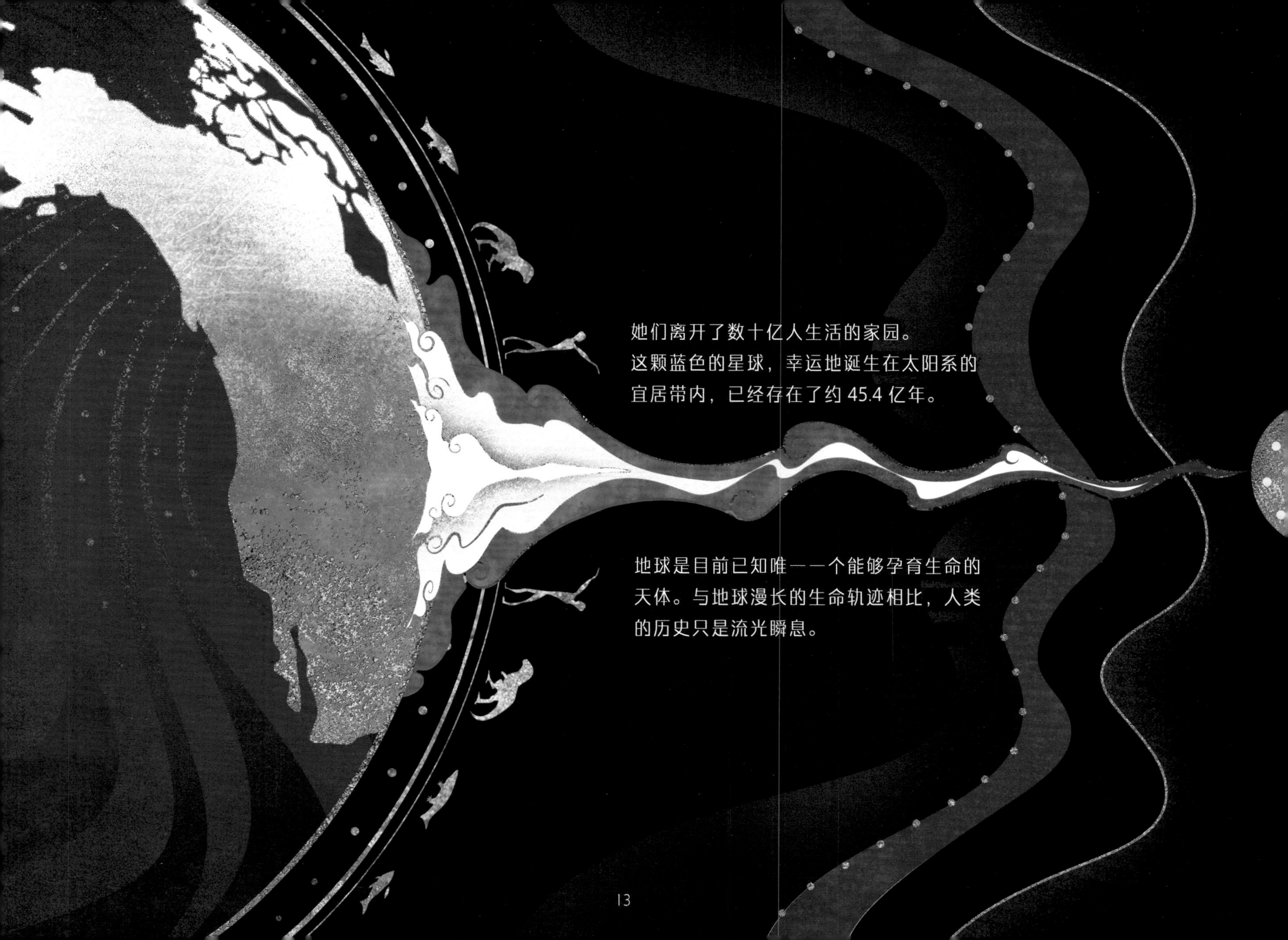

她们离开了数十亿人生活的家园。
这颗蓝色的星球，幸运地诞生在太阳系的宜居带内，已经存在了约 45.4 亿年。

地球是目前已知唯一一个能够孕育生命的天体。与地球漫长的生命轨迹相比，人类的历史只是流光瞬息。

1977年9月18日，旅行者1号第一次自宇宙回望地球，
拍下了地球与月球同框的照片。

月球是一颗天然卫星，
全身遍布小行星和彗星撞击的伤痕。
由于被地球潮汐锁定，
月球始终以同一面朝向地球，
全世界的人因此得以在夜空中欣赏同样的明月。

旅行者 1 号逐渐远离地球，
悬挂于天空的大火球如今更加耀眼。
它吐出一条条名叫日珥的火舌，
它的表面存在着清晰可见的太阳黑子。
中国古人将这些暗色区域想象成在太阳中飞舞的三足神鸟。

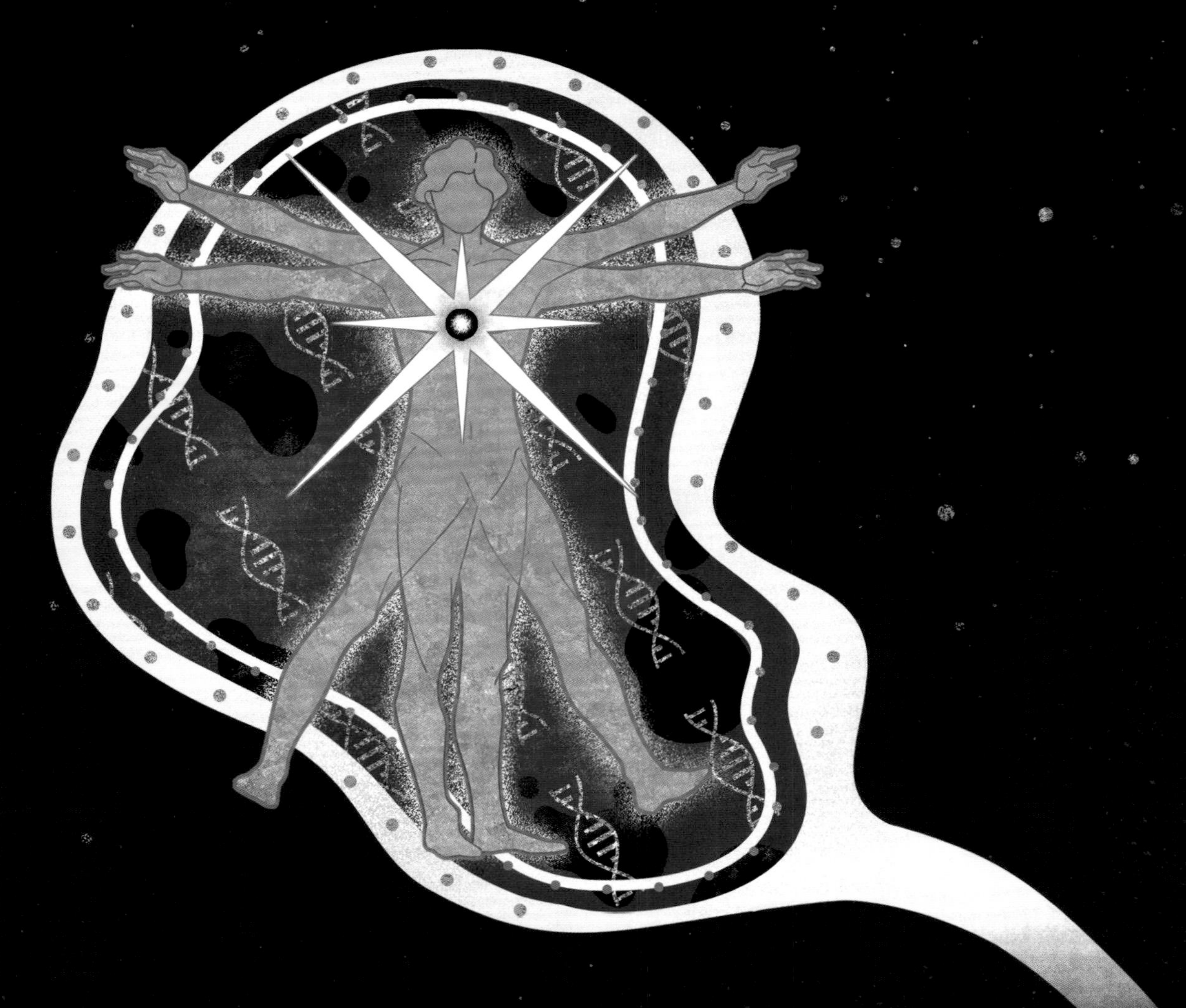

阳光是地球生命的能量来源。
它穿越数亿年的生物演化时间，
洒在最早的直立人的胸膛。
太阳与大地将我们铸就，
而今我们朝着天空远望——
旅行者 1 号引导着我们的目光，继续前往未知的彼方。

旅行者1号突破了第二宇宙速度，
束缚人类的地球引力在此刻对她来说显得微不足道。
这时，如果她朝着太阳的方向回望，会发现一颗银灰色的星球。
它在离太阳很近的地方，正围绕炽热的太阳轮转。

太阳系的八大行星中，水星最小且最靠近太阳。
这是一颗银灰色的行星。稀薄的大气使其无法保存热量。
在太阳无情的炙烤下，水星的昼夜温差可达约 600℃。

八大行星中离太阳第二近的金星却截然相反。
金星的表面可谓火山密布，
浓厚的大气层阻碍了热量的散逸，
让金星的平均气温高达 462℃。
大气层中的温室气体也反射了大量太阳光，
让它在地球的夜空中璀璨如同金粒。
古时候，它出现在东，我们称为启明星；
它出现在西，我们则称为长庚星。

1977年年底，旅行者1号按计划到达火星的轨道。

火星在八大行星中离太阳第四近，
拥有两颗卫星：火卫一与火卫二。
火星表面的氧化铁使这颗星球染上了鲜明的橘红色，
这也让它在各种古代文明中几乎都代表着战争与不祥。

不久后，旅行者 1 号超过了她的姊妹旅行者 2 号，
率先进入火星与木星之间的小行星带。

这个宽度约 2 亿千米的空间区域内，聚集了百万颗小行星。

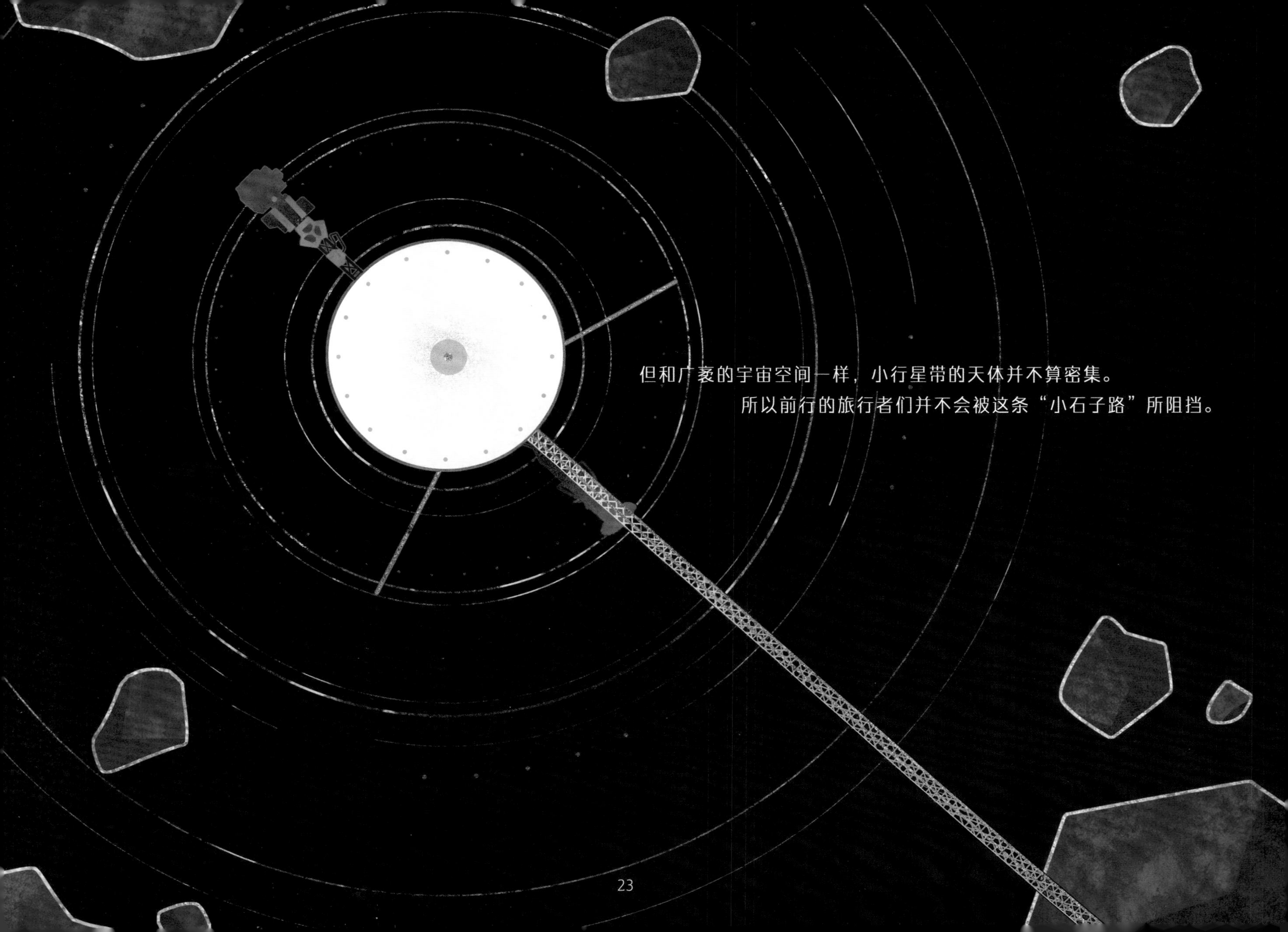

但和广袤的宇宙空间一样，小行星带的天体并不算密集。
所以前行的旅行者们并不会被这条“小石子路”所阻挡。

1978 年 9 月，旅行者 1 号安全离开小行星带，
朝着她的第一个任务目标——木星飞去。

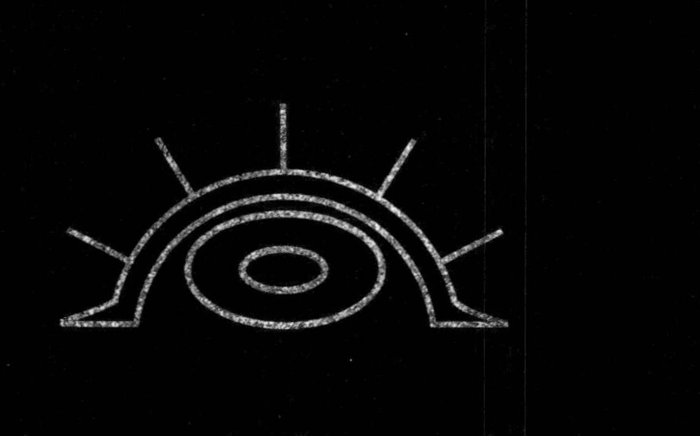

第二乐章：岁星

1979—1980

1979 年的春天，旅行者 1 号接近木星。
行进过程中，她定期拍摄木星的图像。
期传回的照片中，有 66 张被处理成了描绘木星自转的延时影像
蓝色滤镜的图像中，
这颗缓缓转动的气态巨星，正悬浮在黑色的空间中。

木星是太阳系中体积最大、自转最快的行星。
它的体积约等于 1300 个地球，
是毋庸置疑的“行星之王”。
即使木星距离太阳约有 7.78 亿千米，
其反射的太阳光，在夜晚也能够照亮一方黑暗。

数千年前，
人们就已知晓了木星的存在。
古代中国的天文观测者发现木星绕黄道一周约需 12 年，
故将其与地支纪年联系起来，并称其为“岁星”。

在古罗马，
人们用“朱庇特”——天空之神的名字来称呼它。
这位神祇在希腊神话中被称为宙斯。
而现代的观测结果也表明，
这颗太阳系最大的行星无愧于它被赋予的“众神之王”的名字。

旅行者 1 号继续接近木星。
与地球不同，这颗星球并没有一个稳定的表面。
它的大气层十分汹涌，不断翻滚的云层间夹杂电闪雷鸣。
深处的有色物质随着风起云涌将木星染上了红、棕、白三色，
从而形成多条色彩各异、区域明显的风带。

在南半球，木星赤红的“眼眸”正凝视着地球上的万物。
这是木星之眼——“大红斑”，
一个已经咆哮了至少 300 年的巨型风暴。
它绵延数万千米，足以吞没整个地球。

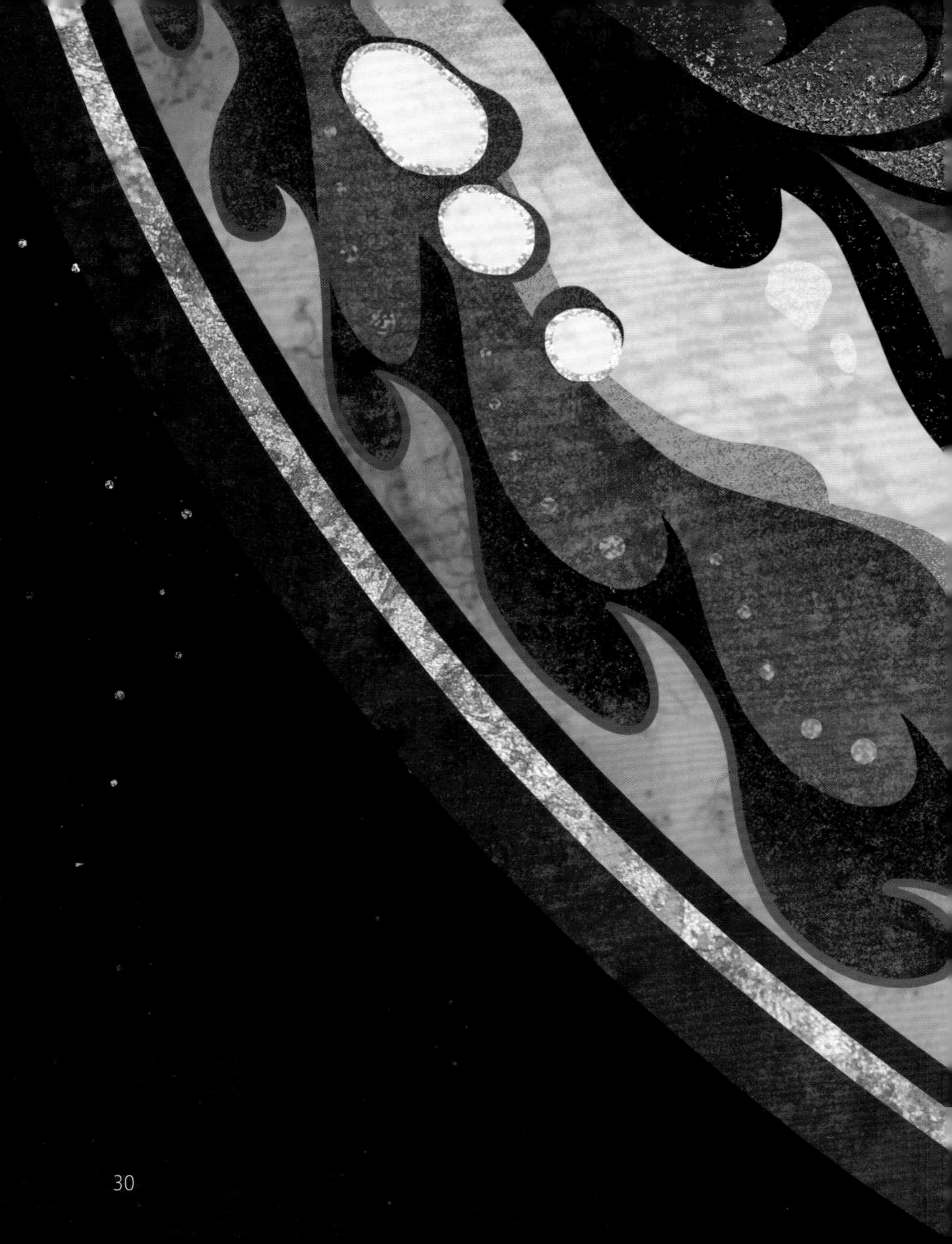

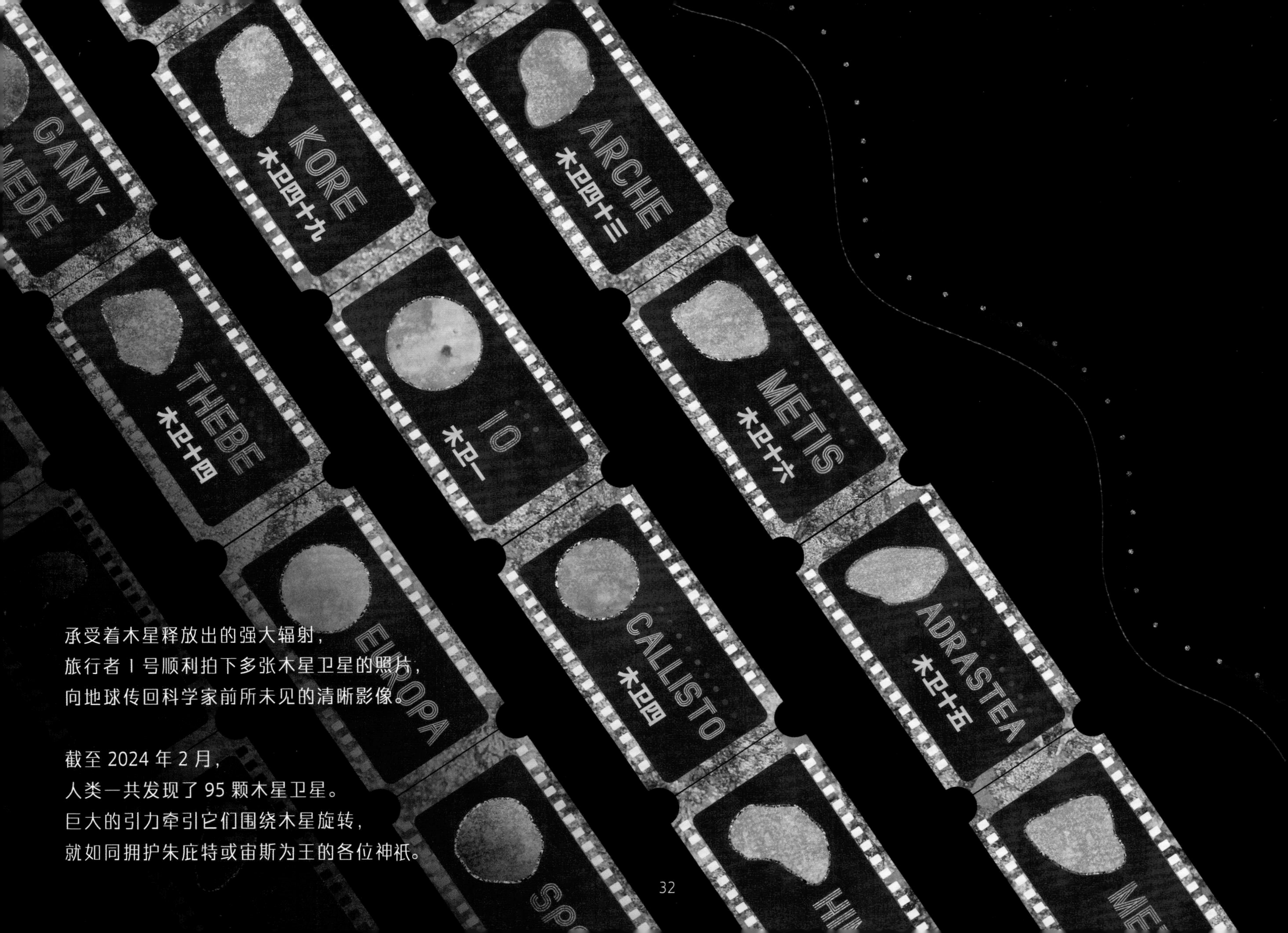

承受着木星释放出的强大辐射，
旅行者 1 号顺利拍下多张木星卫星的照片，
向地球传回科学家前所未见的清晰影像。

截至 2024 年 2 月，
人类一共发现了 95 颗木星卫星。
巨大的引力牵引它们围绕木星旋转，
就如同拥护朱庇特或宙斯为王的各位神祇。

木卫一是距离木星最近的卫星，
它被命名为“伊娥”（Io），
这是希腊神话中宙斯一位情人的名字。

一张照片捕捉到木卫一上的火山运动。
人们第一次认识到，在这个孤寂寒冷的地方，
竟也有热流在无声地翻滚。
它地表下方岩浆的喷涌，是木星引力作用的结果，
让它在寂静的宇宙中拥有一阵又一阵微弱但清晰的脉动。
这是无机物跃动的旋律，也是旅行者1号为人们带来的极大惊喜。

旅行者 1 号穿越木星的赤道平面，
发现环绕木星的行星环正缓缓地转动。
对人类而言难以目及的行星环，此刻得以证实其存在。

狭窄且亮度微弱的行星环与木星一同诞生，
就像飘浮在木星周围的浮尘精灵，用光谱诉说着近 46 亿个寒暑的故事。

1979 年 4 月，旅行者 1 号完成了对木星的探索任务。
旅行者运用“引力弹弓”效应，
获得了来自木星的动力，
这是一份特别的临别礼物。

- 引力弹弓 -

利用行星的引力场
来给太空探测器加速，
将其甩向下一个目标，
也就是把行星当作“引力助推器”。

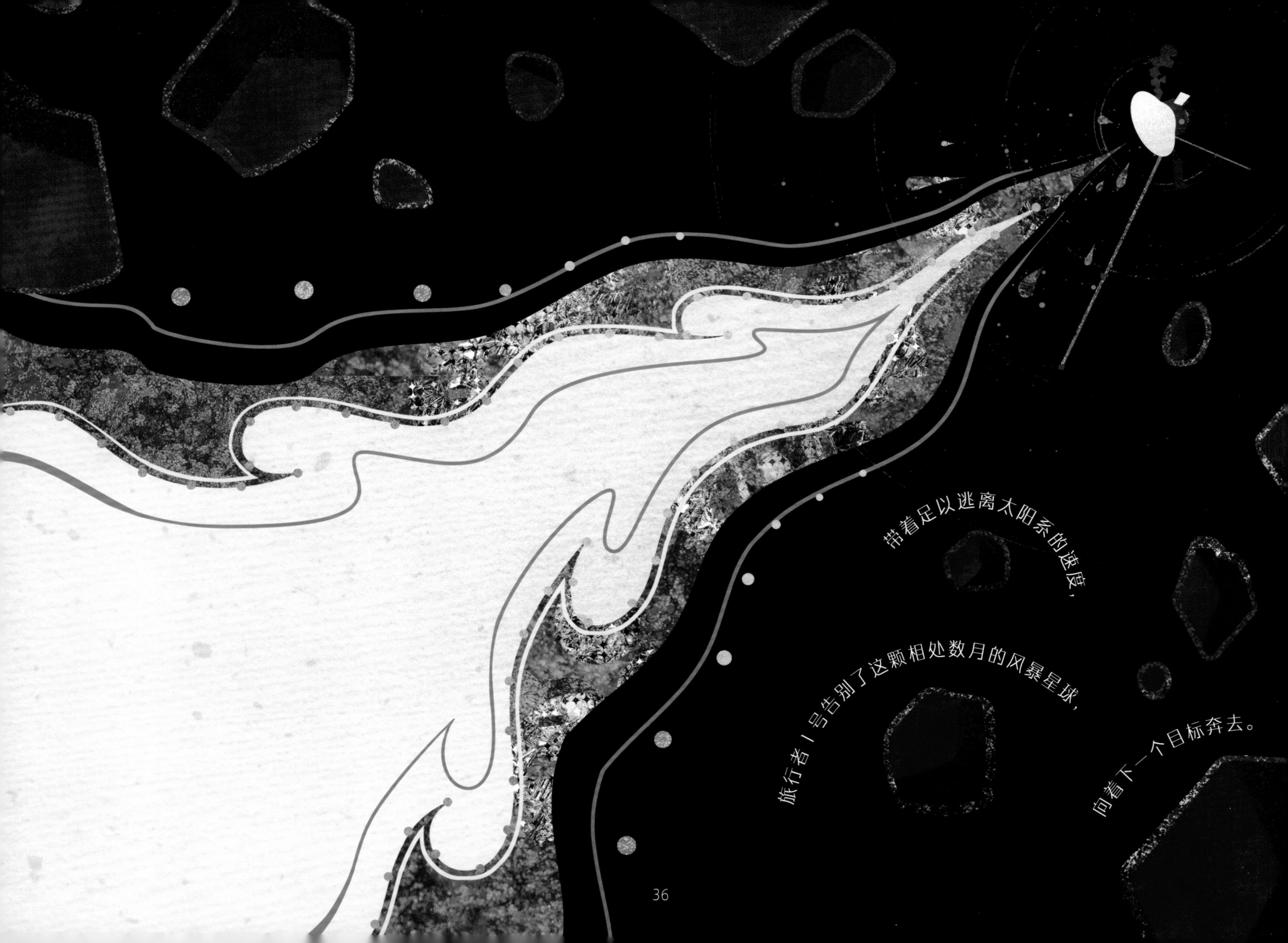

带着足以逃离太阳系的速度，

旅行者1号告别了这颗相处数月的风暴星球，

向着下一个目标奔去。

第三乐章：镇星

1980—1986

离开木星后，经过近两年的孤独旅程，
旅行者 1 号在 1980 年 11 月 12 日到达美丽的土星系统。

土星在太阳系八大行星中
距离太阳第六近。
古罗马人用农业神萨图恩来称呼土星
他也是希腊神话中的
第二代神王——克洛诺斯。
而古代中国人经观测，
发现土星每 28 年绕黄道一周，
就像每年镇守
二十八星宿中的一宿。
土星“岁镇一宿”，
所以被称为镇星。

土星的核心主要由岩石和冰构成，外围由数层金属氢和气体包覆着。
从远处观察，这是一颗安静的土黄色星球，有着幽暗而平滑的条纹。

但旅行者1号告诉人们，土星也有着热烈奔放的性格。

在土星的北极，一场呈六边形的奇异风暴甚至已经肆虐了至少40年。

太阳系中速度数一数二的风在这里终年呼啸，风速高达500米/秒，

足以轻易摧毁地球上的一切人造物。

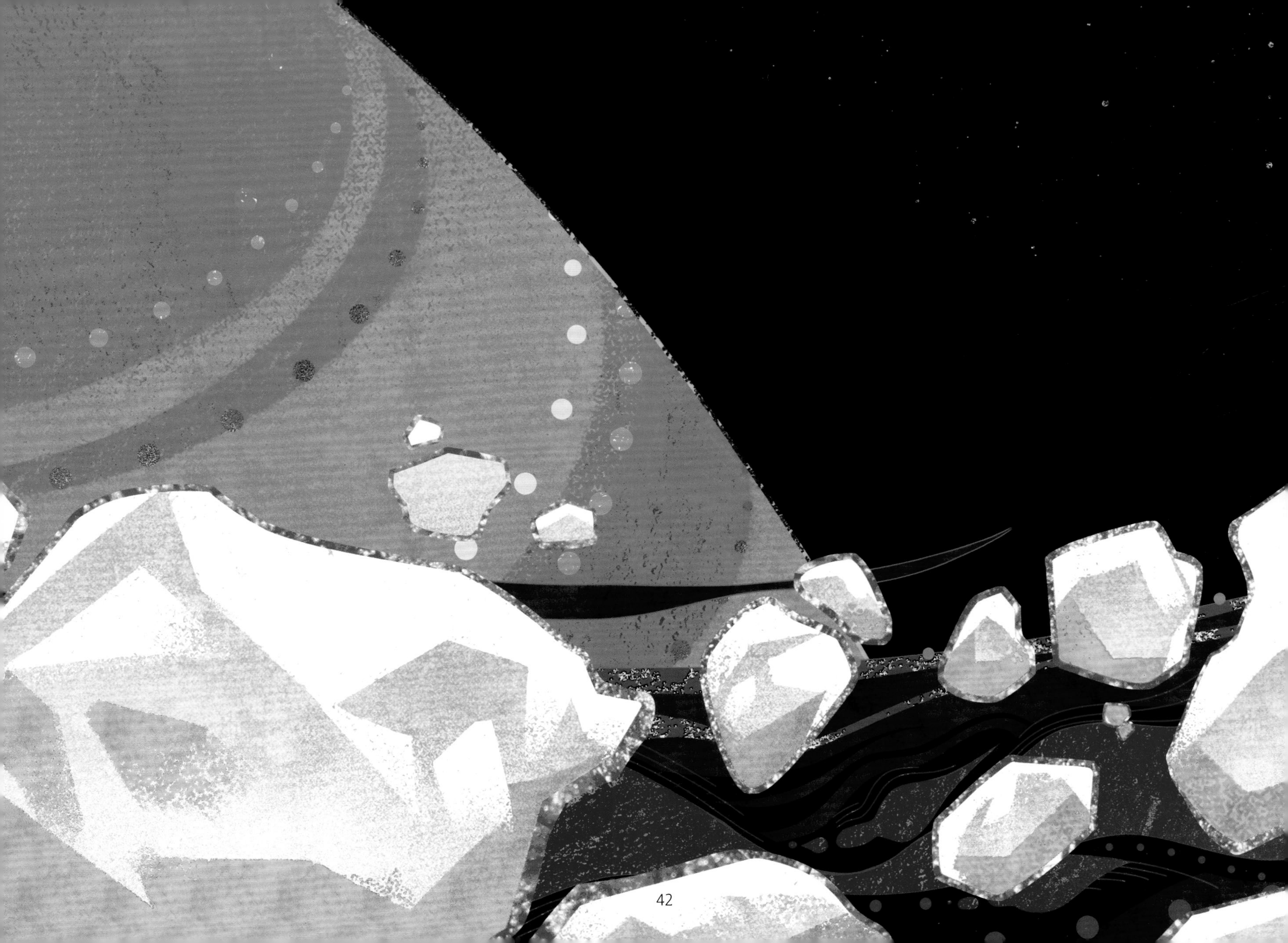

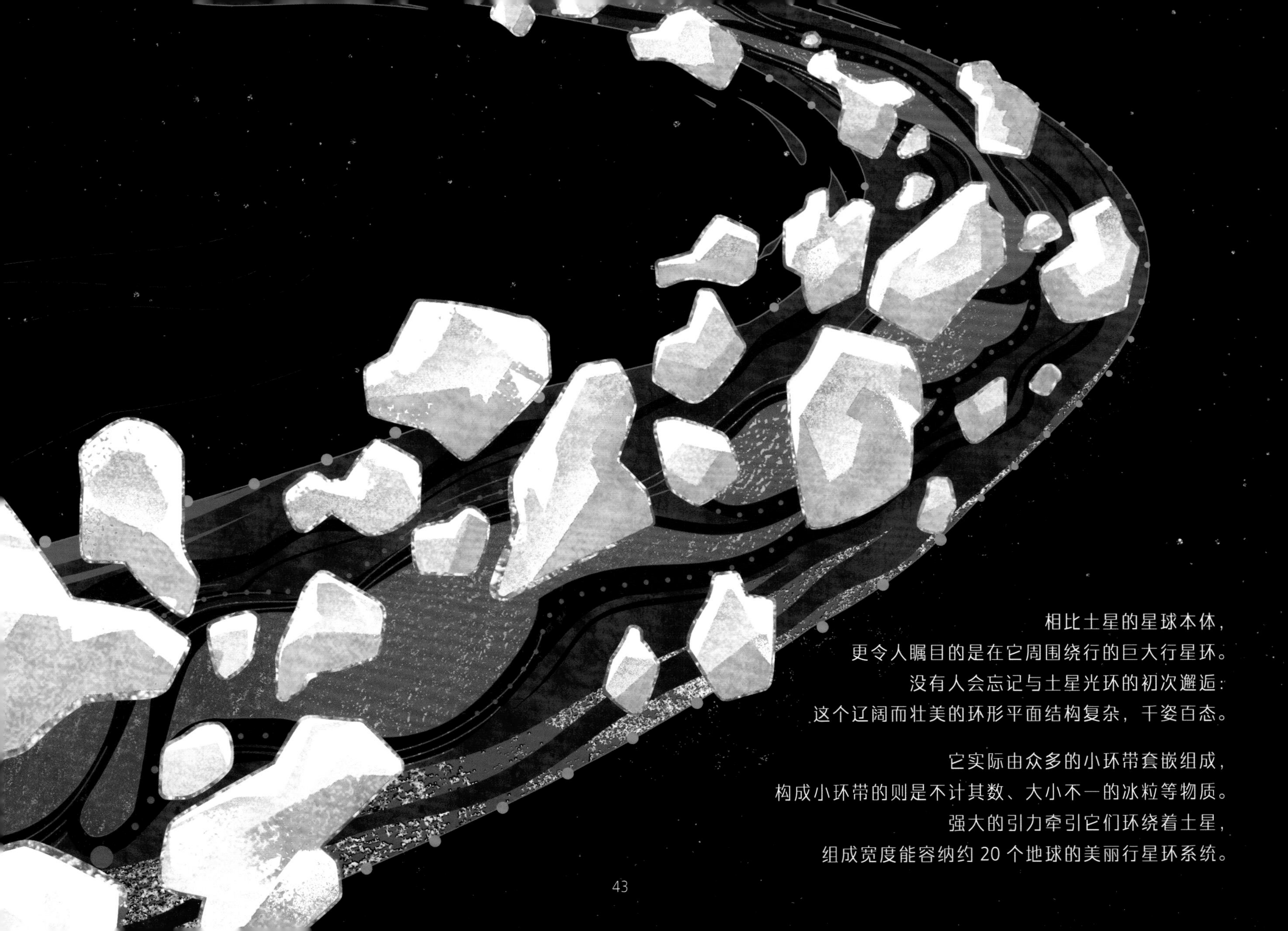

相比土星的星球本体，
更令人瞩目的是在它周围绕行的巨大行星环。
没有人会忘记与土星光环的初次邂逅：
这个辽阔而壮美的环形平面结构复杂，千姿百态。

它实际由众多的小环带套嵌组成，
构成小环带的则是不计其数、大小不一的冰粒等物质。
强大的引力牵引它们环绕着土星，
组成宽度能容纳约 20 个地球的美丽行星环系统。

在发射以来的 4 年里，
旅行者带来的惊喜不胜枚举。
于是科学家们打算一鼓作气，
发起一场具有风险的赌博——
他们想让旅行者 1 号尽可能地靠近土卫六，
以近距离拍摄这颗卫星。
而这将使探测器的轨道永远更改，
再也无法完成原计划的
远日行星探索任务。

土卫六又名“泰坦”，
是土星最大的一颗卫星，
和地球相似，土卫六也拥有大气层和海洋。
因此它自被发现以来便备受瞩目——
这颗星球上是否存在同我们一样的生命呢？
或许旅行者1号能给出答案。
这场豪赌十分冒险，又有着十足的吸引力！
近距离观测的机会就在眼前，科学家们为此陷入了争论。

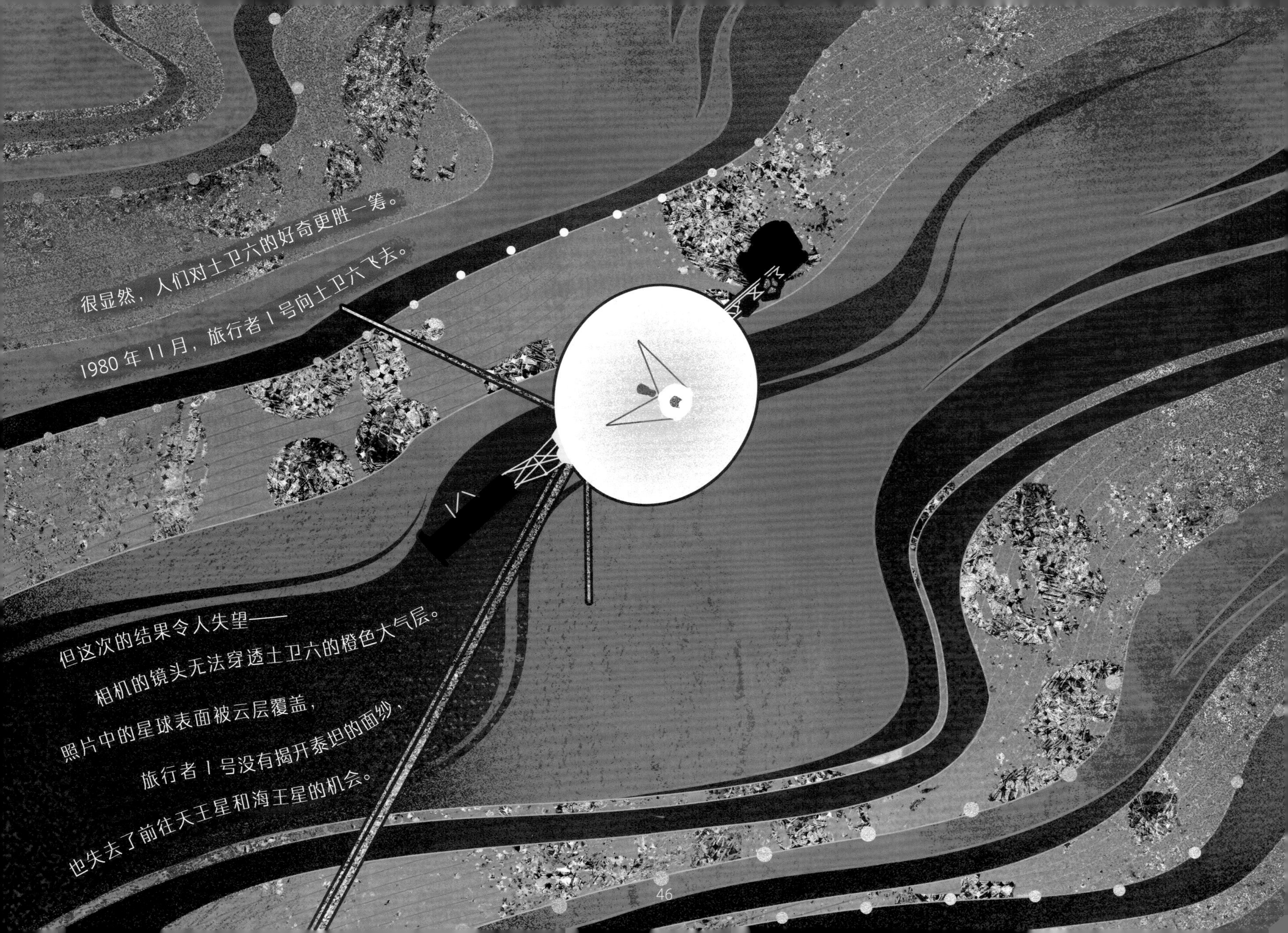
很显然，人们对土卫六的好奇更胜一筹。
1980 年 11 月，旅行者 1 号向土卫六飞去。
但这次的结果令人失望——
相机的镜头无法穿透土卫六的橙色大气层。
照片中的星球表面被云层覆盖，
旅行者 1 号没有揭开泰坦的面纱，
也失去了前往天王星和海王星的机会。

第四乐章：变奏

1986—1989

就像伊卡洛斯太过接近太阳而坠海，
靠近土卫六使旅行者1号受到无法克服的引力影响。
－伊卡洛斯－
希腊神话中的人物，
用蜡和羽毛制造出翅膀飞翔，
却因为飞得太高，
双翼上的蜡被太阳熔化而落水丧生。
小小的旅行者被孤独与黑暗吞没，
落入了浩瀚的宇宙空间。

旅行者 1 号拍下最后一张土星的照片之后，
便离开行星黄道平面向上方的空间加速飞去，
她在接下来的旅途中，再也不会遇见太阳系的行星。
接下来，让我们把目光转向她的姊妹——旅行者 2 号。

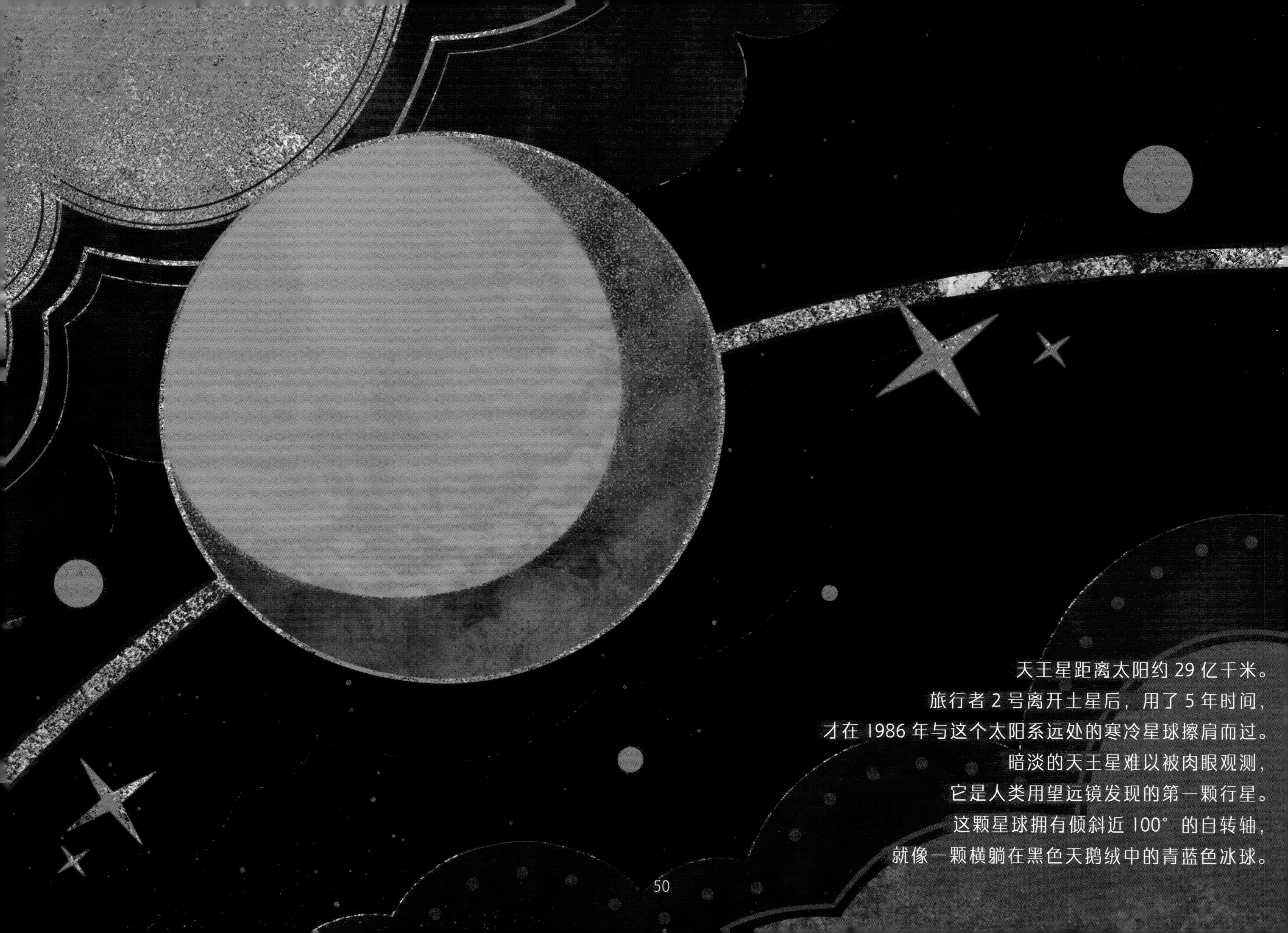

天王星距离太阳约 29 亿千米。
旅行者 2 号离开土星后，用了 5 年时间，
才在 1986 年与这个太阳系远处的寒冷星球擦肩而过。
暗淡的天王星难以被肉眼观测，
它是人类用望远镜发现的第一颗行星。
这颗星球拥有倾斜近 100° 的自转轴，
就像一颗横躺在黑色天鹅绒中的青蓝色冰球。

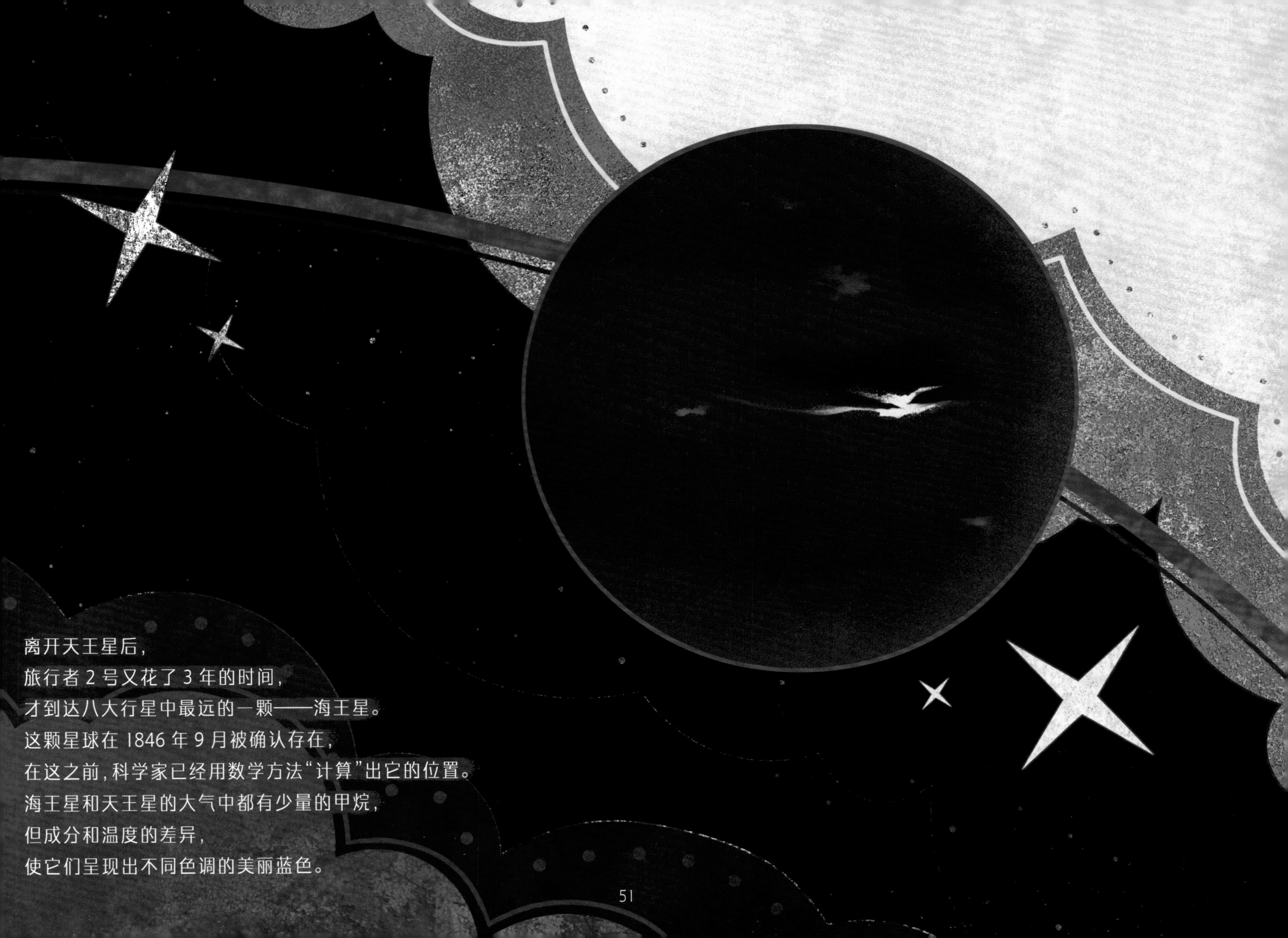

离开天王星后，
旅行者 2 号又花了 3 年的时间，
才到达八大行星中最远的一颗——海王星。
这颗星球在 1846 年 9 月被确认存在，
在这之前，科学家已经用数学方法“计算”出它的位置。
海王星和天王星的大气中都有少量的甲烷，
但成分和温度的差异，
使它们呈现出不同色调的美丽蓝色。

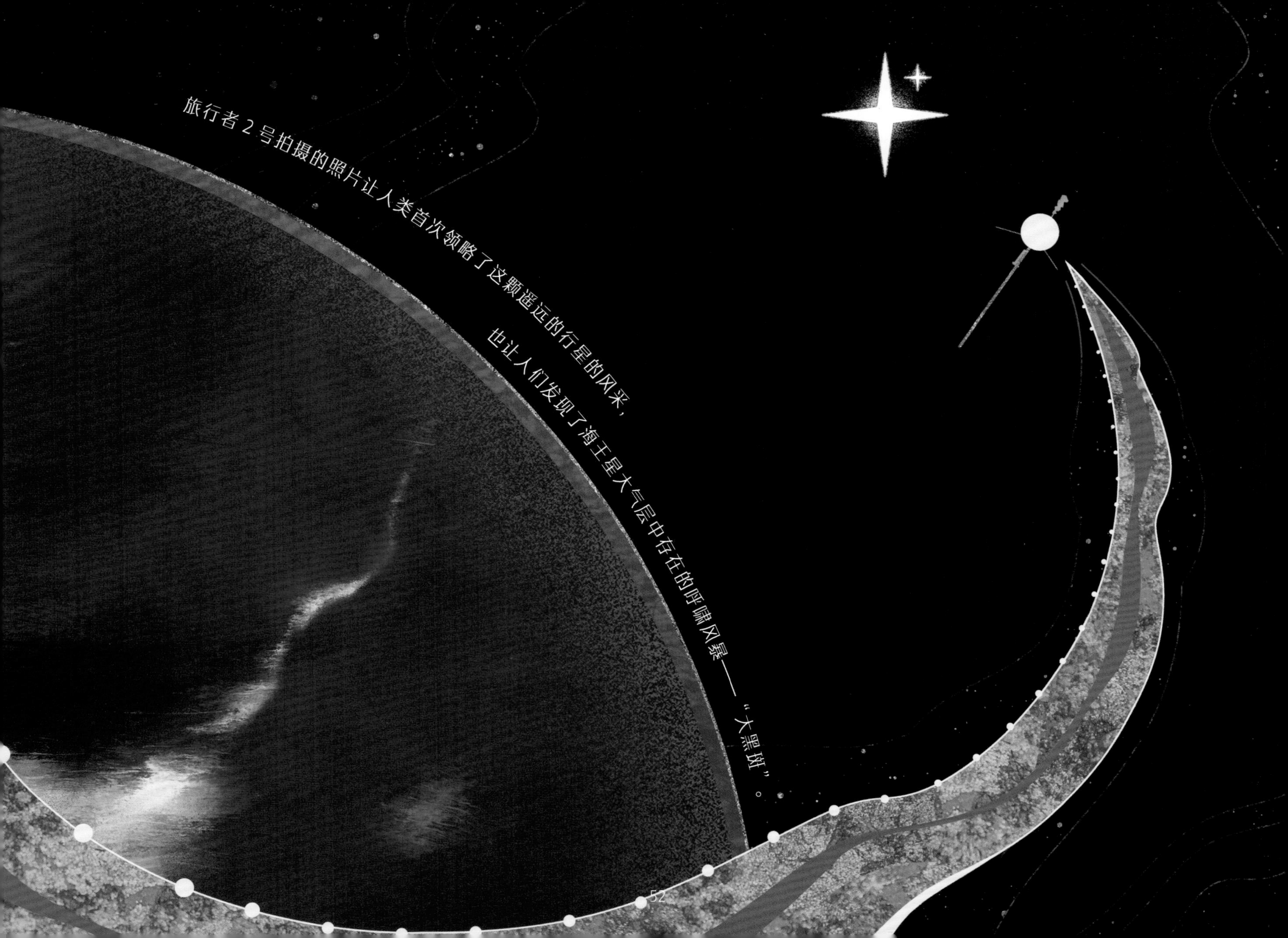

旅行者 2 号拍摄的照片让人类首次领略了这颗遥远的行星的风采，
也让人们发现了海王星大气层中存在的呼啸风暴——“大黑斑”。

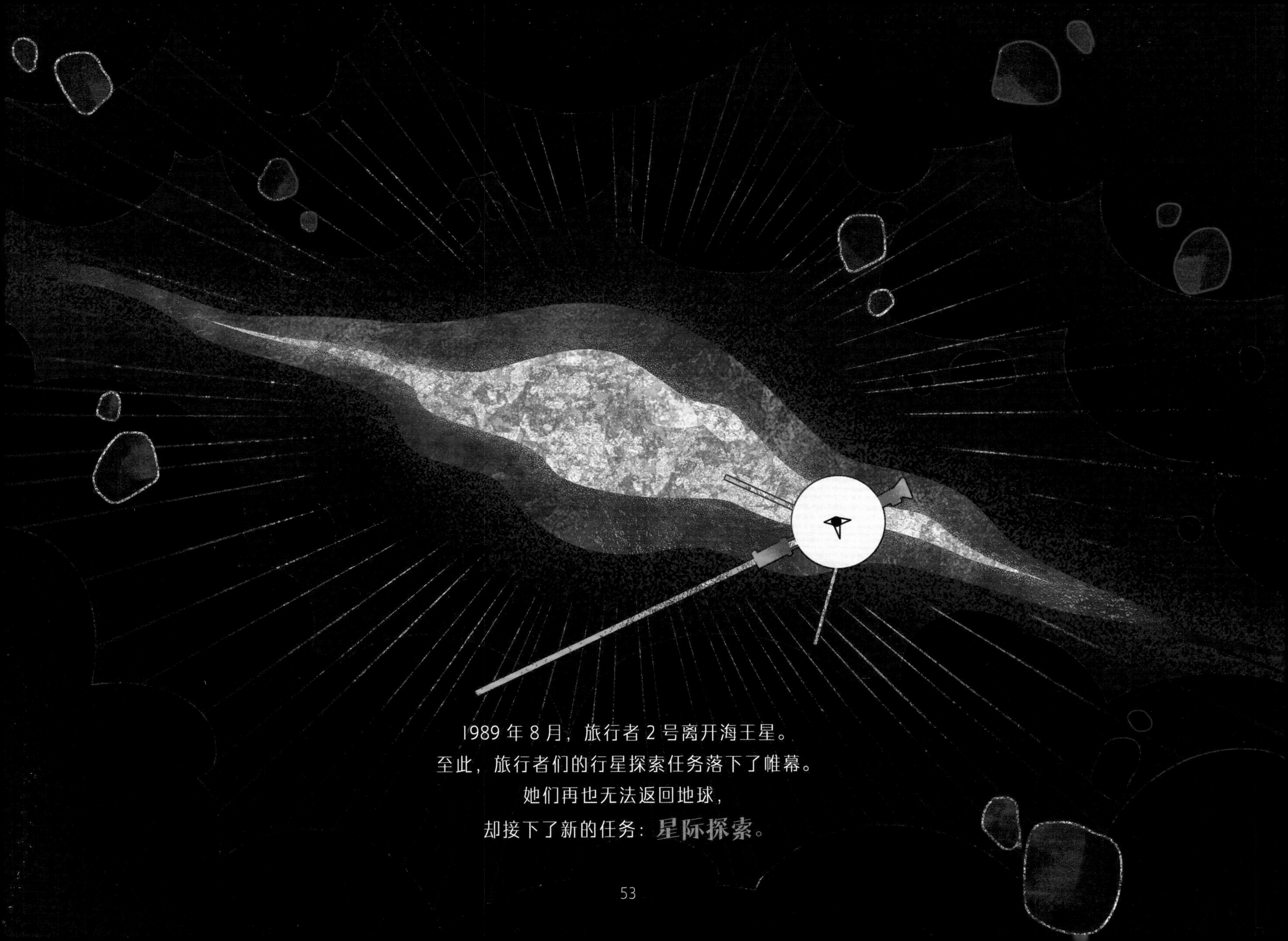

1989 年 8 月，旅行者 2 号离开海王星。
至此，旅行者们的行星探索任务落下了帷幕。
她们再也无法返回地球，
却接下了新的任务：**星际探索**。

信号仍在宇宙中回荡……

远在黄道平面之上的旅行者 1 号，
接到一条来自地球的指令。
她转向自己降生的“摇篮”，
最后一次启动相机。

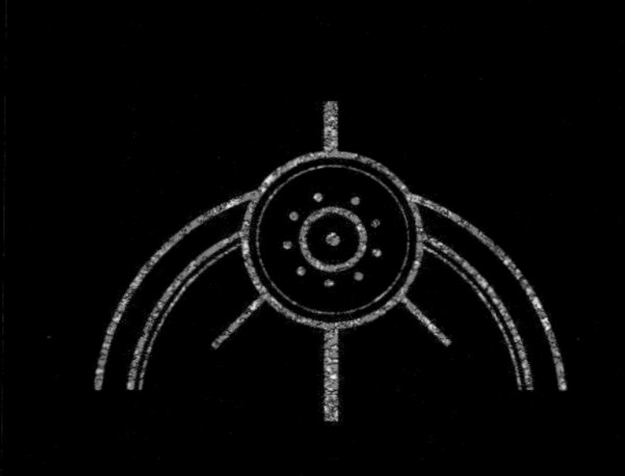

第五乐章：远航

1989—

木星
土星
地球
金星

1990 年 2 月 14 日，
一张拼合组成的“太阳系全家福”
在距离地球 60 亿千米远的宇宙诞生。

这次的拍摄没有特殊理由，
也无关科研，
可以说是科学家的一次心血来潮。

这些照片中，最受人们关注的是一颗微小的暗淡蓝点。
它正好被一束光线照亮，大小仅为 0.12 个像素——这就是我们生活的地球。

这粒悬浮在太阳系中的微尘，
是人类已知的唯一家园。
所有的纷争与合作，所有的悲伤与喜悦，所有的生命与希望，
都汇聚在这个太空中孤独的蓝色小水塘。

完成回望太阳系行星的拍摄之后，旅行者1号便关闭了相机，

朝着太阳系外飞去。这时的她早已远离太阳系的八大行星。

- 日球层顶 -

日球层是太阳和太阳风影响的区域，
日球层顶是这一区域的边缘，
是太阳风与星际介质相遇的边界。

2012 年 8 月，美国国家航空和航天局发现旅行者 1 号
探测到的太阳风粒子浓度急剧下降。
她已经离开太阳风影响的范围——日球层顶，
进入了更深处的星际空间。

旅行者号仍在继续向前，等她们走得更远，
或许就将进入彗星的襁褓——奥尔特云中。
奥尔特云仿佛一个巨大的气泡，
被来自银河系中心的粒子风吹拂，有着不稳定的表面形状。

若把这一片广袤的空间的边缘定义为太阳系的边界，
那我们小小的旅行者，
也许还需要至少 3 万年方可飞出太阳系。

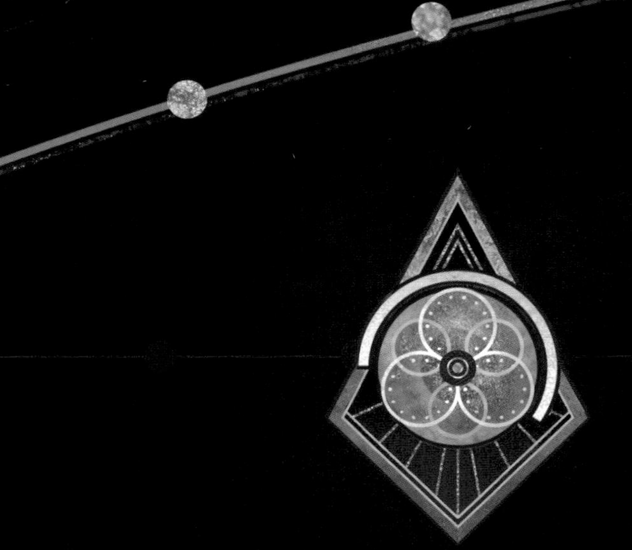

偏振测光计

1980/01/29（旅行者 1 号）

1991/04/03（旅行者 2 号）

由于性能下降而关闭

成像科学系统

1990/02/14（旅行者 1 号）

1989/10/10、1989/12/05（旅行者 2 号）

关闭广角和窄角相机以节省电量

红外干涉光谱仪和辐射计

1998/06/30（旅行者 1 号）

2007/02/01（旅行者 2 号）

关闭以节省电量

将近半个世纪的星际之旅路途漫漫。
为了节省逐渐衰减的电能，
科学家们不得不逐步关闭旅行者上的科学设备。

等离子谱仪

2007/02/01（旅行者1号）

由于性能下降而关闭

2024/09/26（旅行者2号）

关闭以节省电量

行星射电天文探测仪

2008/01/15（旅行者1号）

2008/02/21（旅行者2号）

关闭以节省电量

紫外光谱仪

2016/04/19（旅行者1号）

1998/11/12（旅行者1号）

关闭以节省电量

现在，两位旅行者仅剩下不到一半的设备仍在运转。
她们在百亿千米之外的宇宙空间收集信息，
将其转化为无线电波传回早已目不能及的地球。

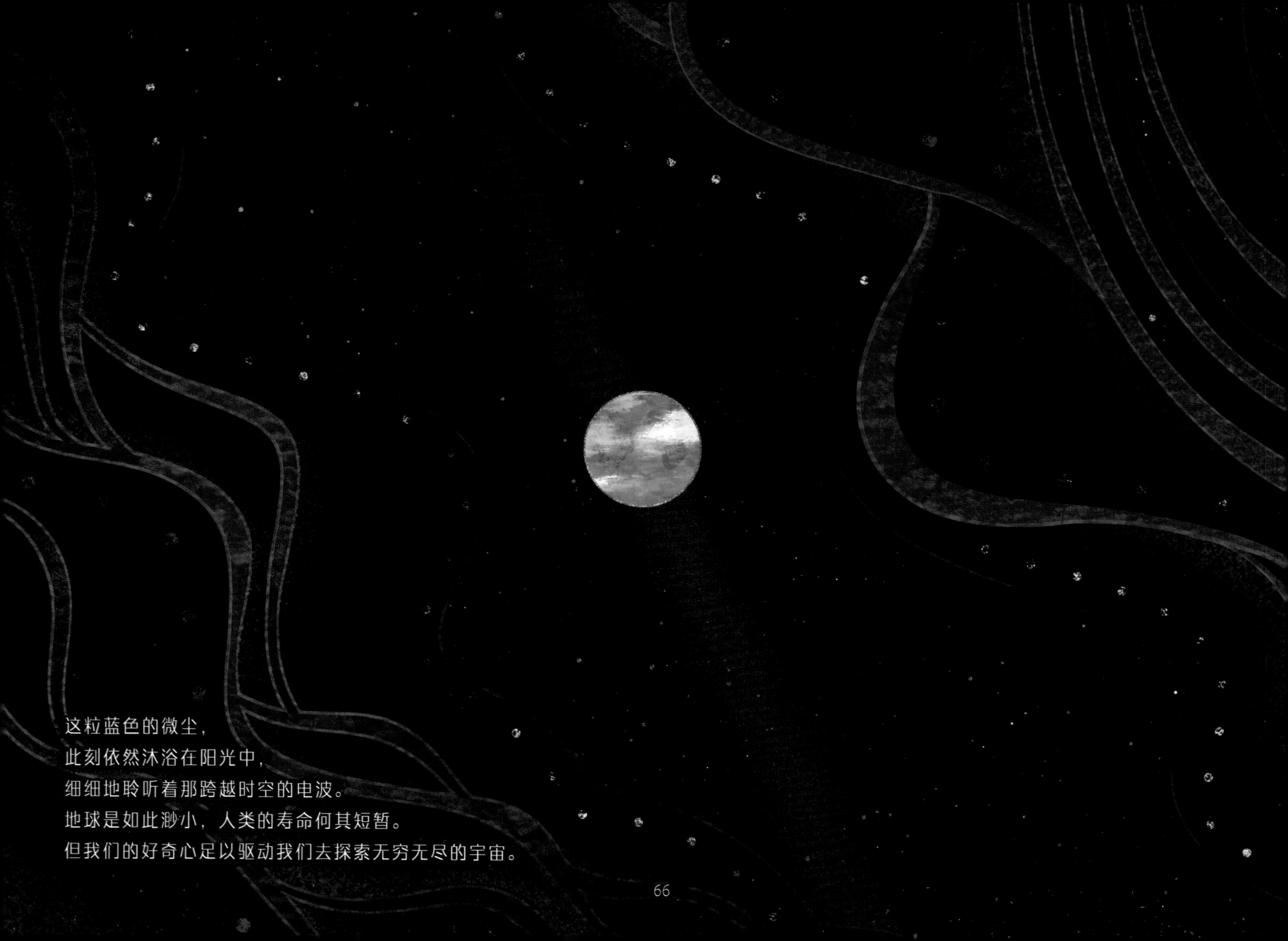

这粒蓝色的微尘，
此刻依然沐浴在阳光中，
细细地聆听着那跨越时空的电波。
地球是如此渺小，人类的寿命何其短暂。
但我们的好奇心足以驱动我们去探索无穷无尽的宇宙。

金色唱片
镶嵌在孤独的机械上。
向宇宙诉说着
来自人类文明的问候 。

在接近真空的太空环境中，
它会比金字塔存在更久。
也会比人类，
甚至地球本身存在更久。

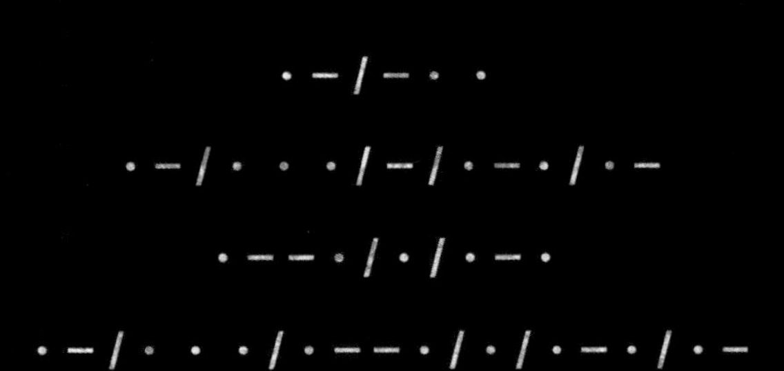

纵使道路曲折，我们终将寻得未知的奥秘。
正如金色唱片中记录的摩尔斯电码所说的那般——

“循此苦旅，以达天际。”

安可曲：问天旅

∞

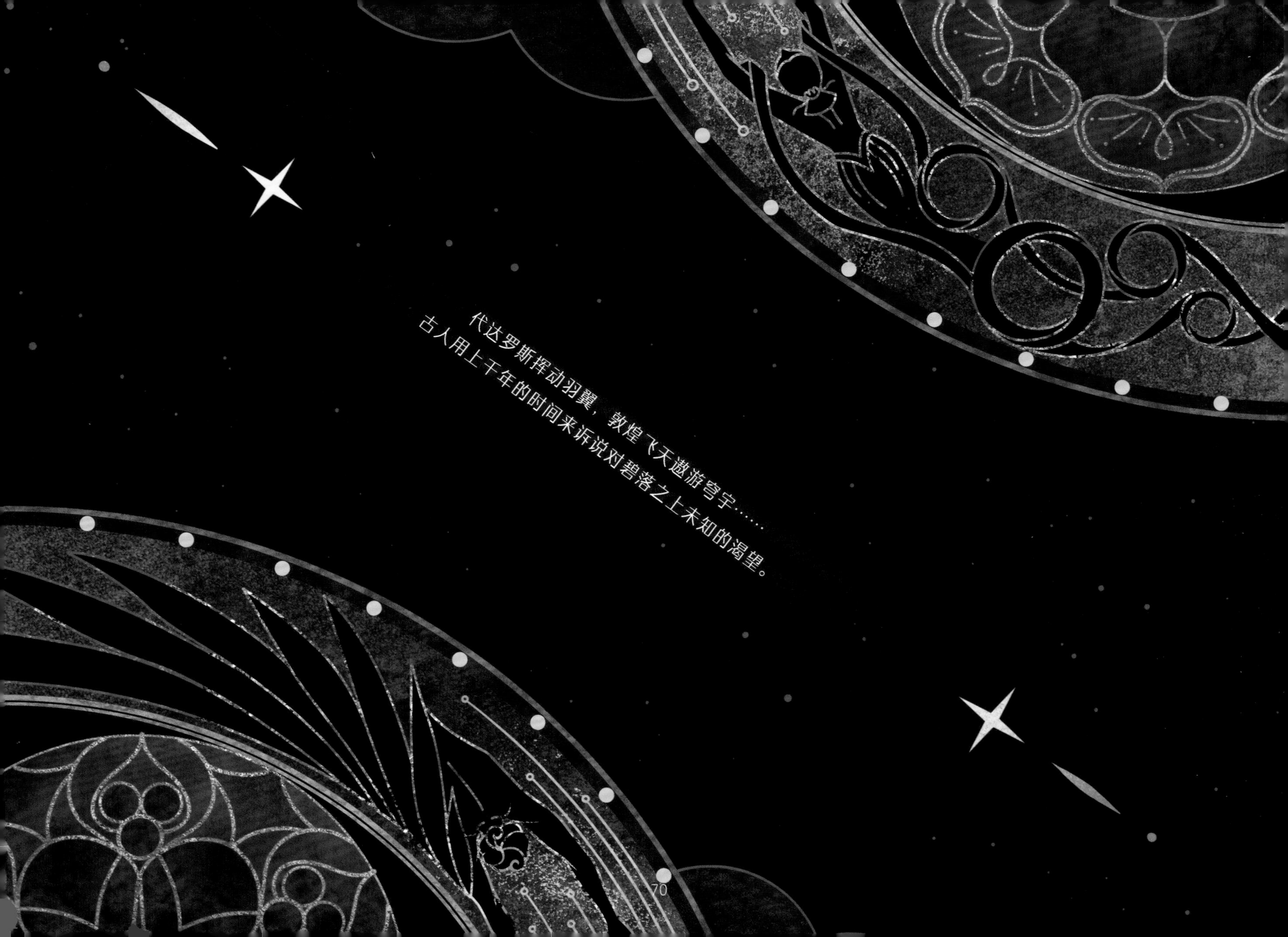
代达罗斯挥动羽翼，敦煌飞天遨游穹宇……
古人用上千年的时间来诉说对碧落之上未知的渴望。

从人类首次进入太空到旅行者号发射，
仅仅过去了不到 10 年——人类问天之旅才刚刚起步。
我们想要知晓更多未知的奥秘，于是制造出更加精密的机器。
探索宇宙空间的航天任务也接踵而至。

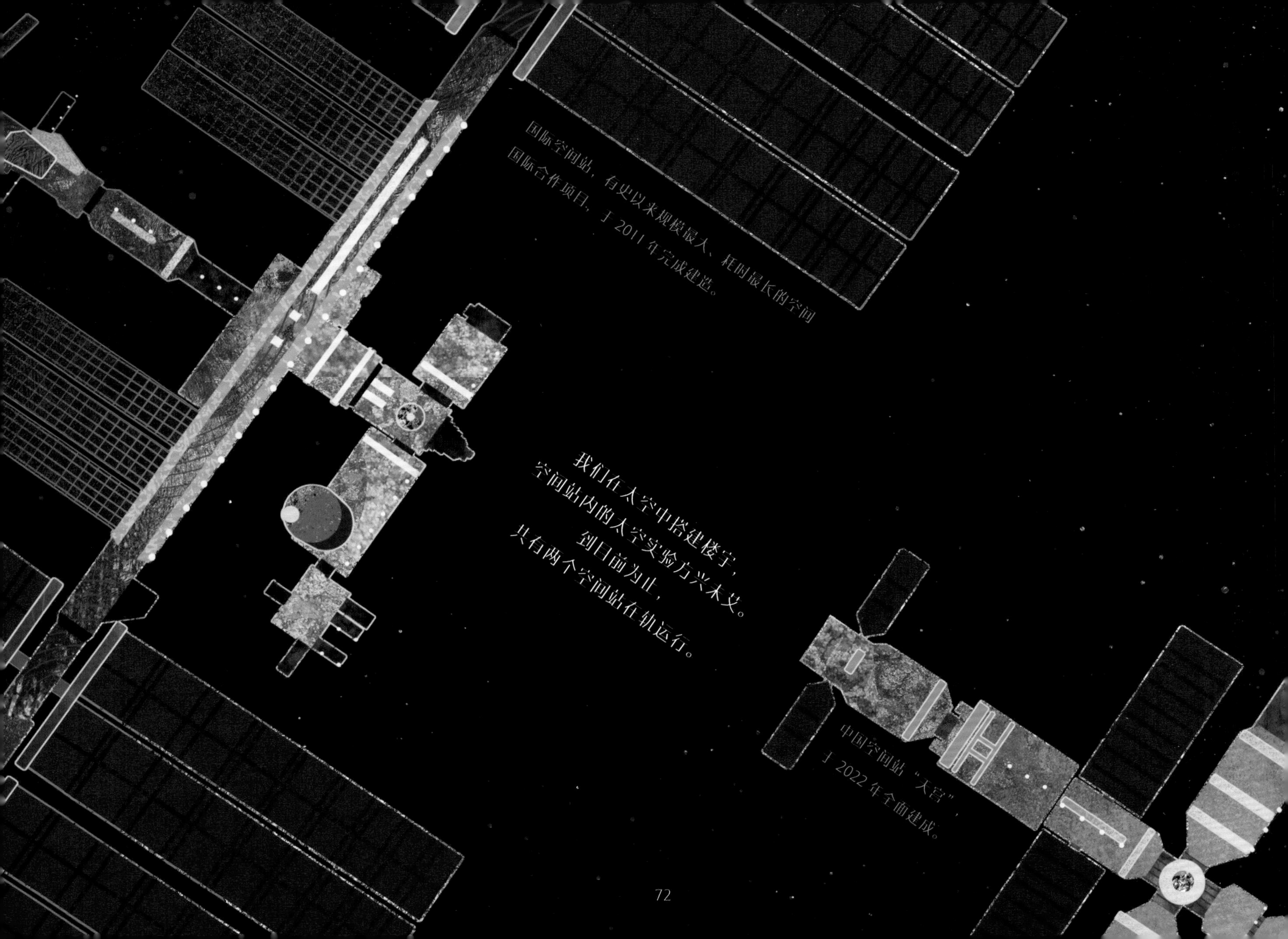

国际空间站，有史以来规模最大、耗时最长的空间国际合作项目，于 2011 年完成建造。

我们在太空中搭建楼宇，
空间站内的太空实验方兴未艾。
到目前为止，
共有两个空间站在轨运行。

中国空间站“天宫”，
于 2022 年全面建成。

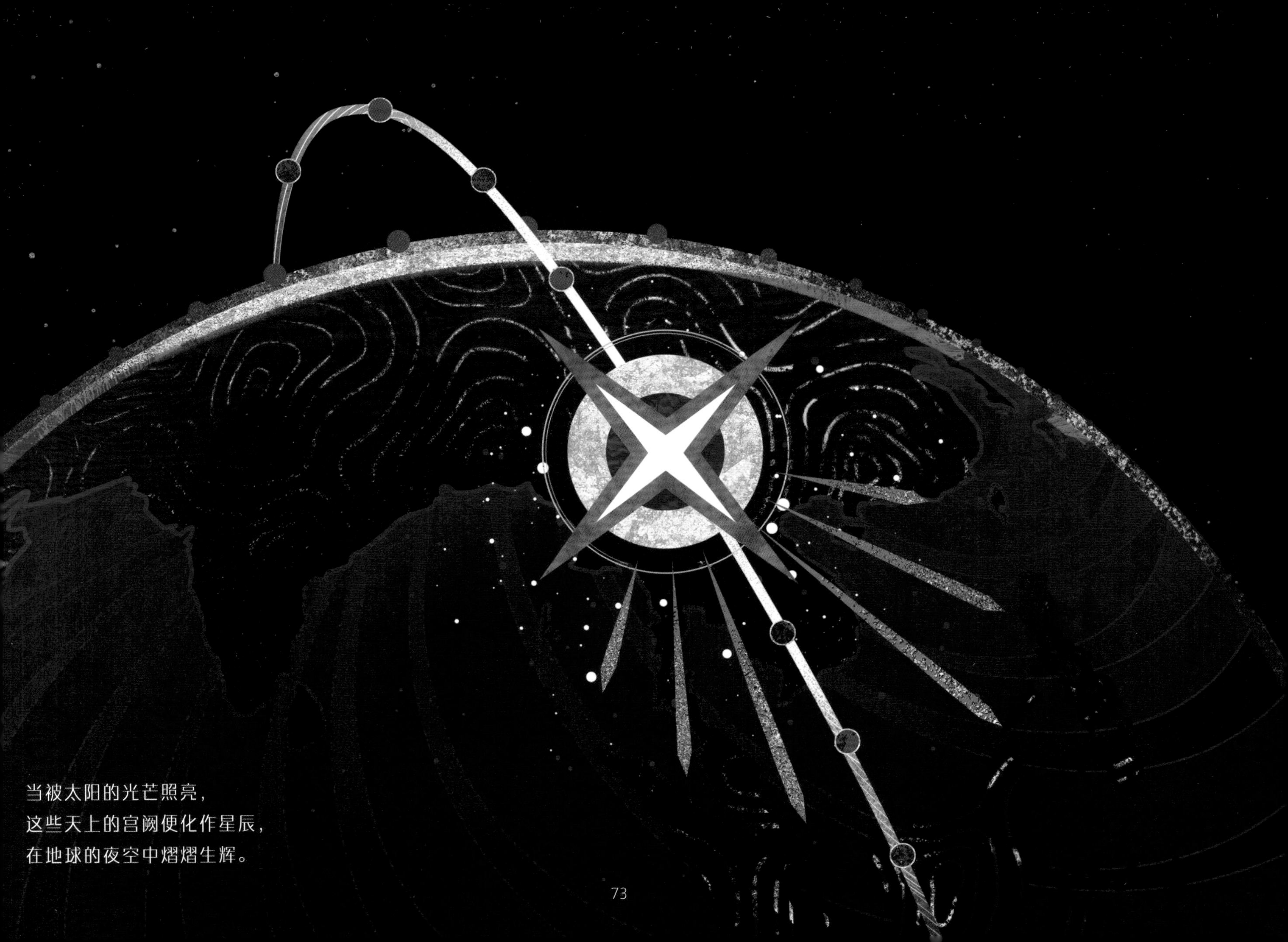

当被太阳的光芒照亮，
这些天上的宫阙便化作星辰，
在地球的夜空中熠熠生辉。

而在静谧无风的月球上，
阿波罗号宇航员们留下的脚印仍清晰无比。
月面宽广平坦的月海里，
各国的探月工程正在有序进行。

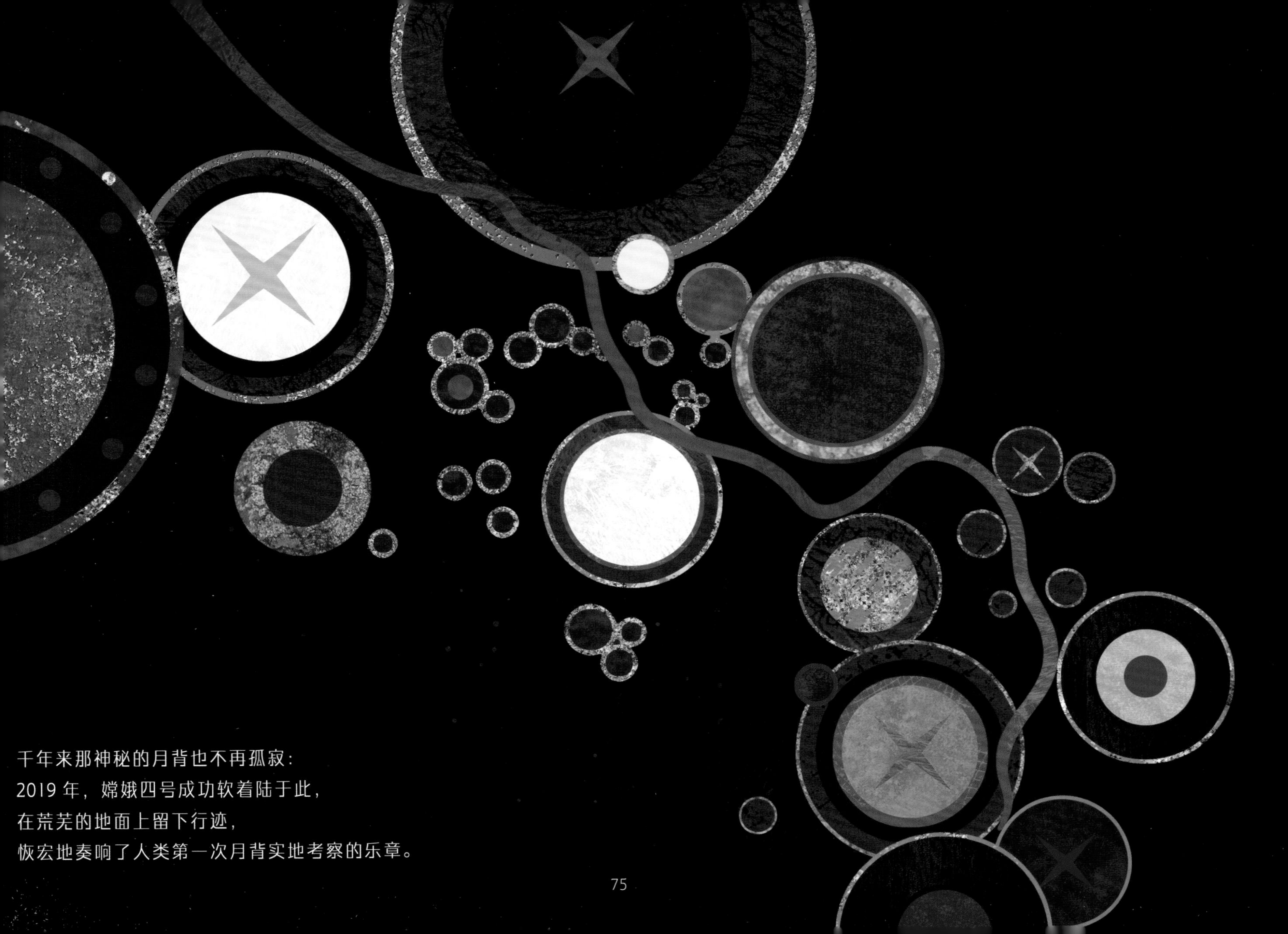

千年来那神秘的月背也不再孤寂：
2019 年，嫦娥四号成功软着陆于此，
在荒芜的地面上留下行迹，
恢宏地奏响了人类第一次月背实地考察的乐章。

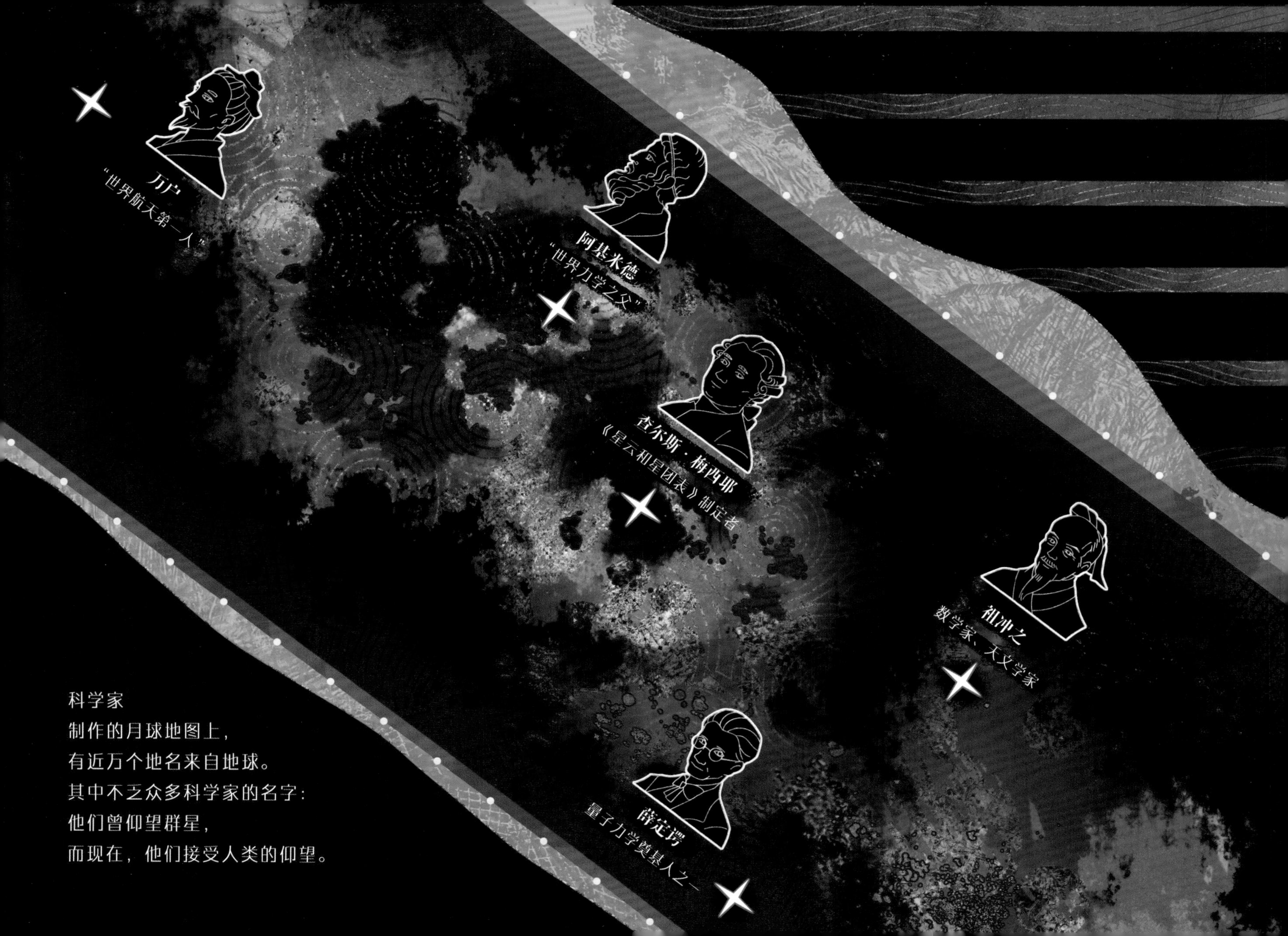

科学家
制作的月球地图上，
有近万个地名来自地球。
其中不乏众多科学家的名字：
他们曾仰望群星，
而现在，他们接受人类的仰望。

如今人类针对月球的航天探测任务开展已逾一个甲子。
探测器航线的轨迹纵横交贯，编织成一首地球之外的月光奏鸣曲。

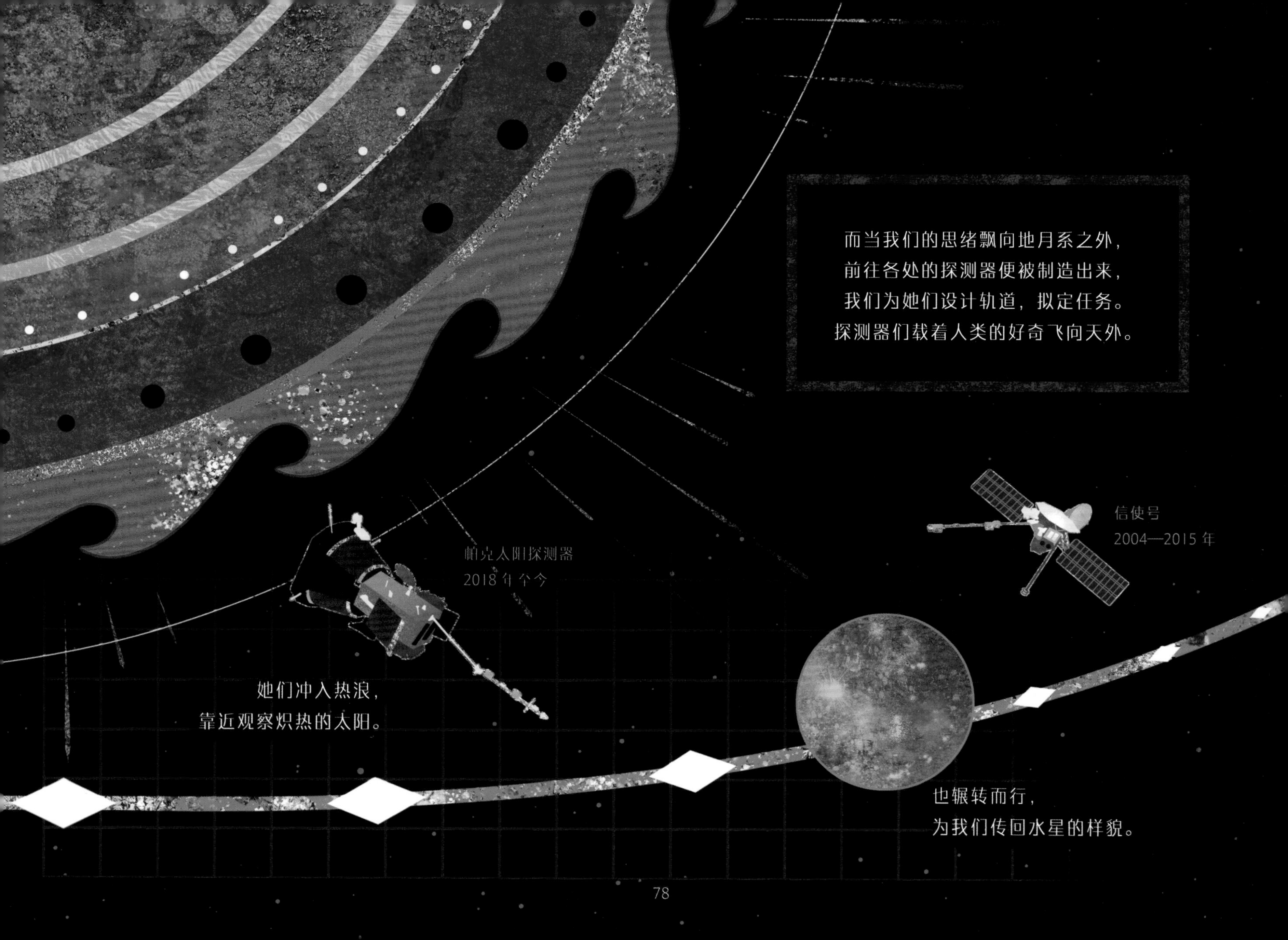
而当我们的思绪飘向地月系之外，
前往各处的探测器便被制造出来，
我们为她们设计轨道，拟定任务。
探测器们载着人类的好奇飞向天外。
帕克太阳探测器
2018年至今
信使号
2004—2015年
她们冲入热浪，
靠近观察炽热的太阳。
也辗转而行，
为我们传回水星的样貌。

她们穿透浓厚的硫酸云，
着陆在金星龟裂的大地。

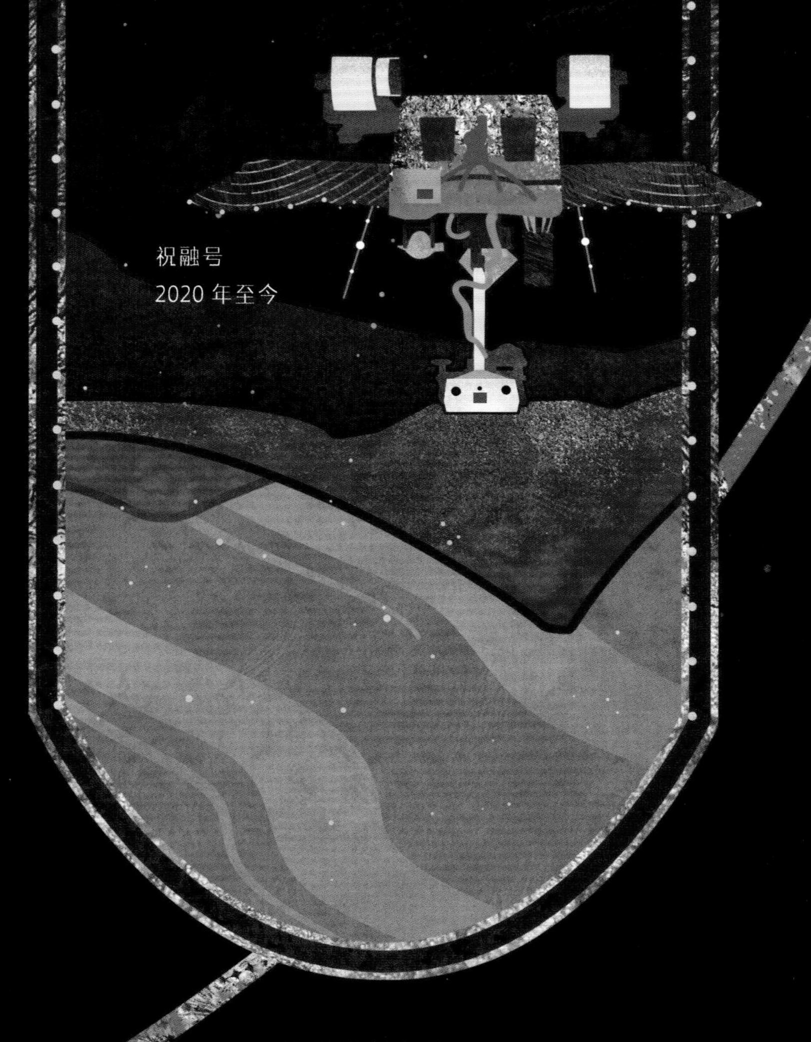

她们登上火星，
漫步在奇异的黄褐色天空之下。

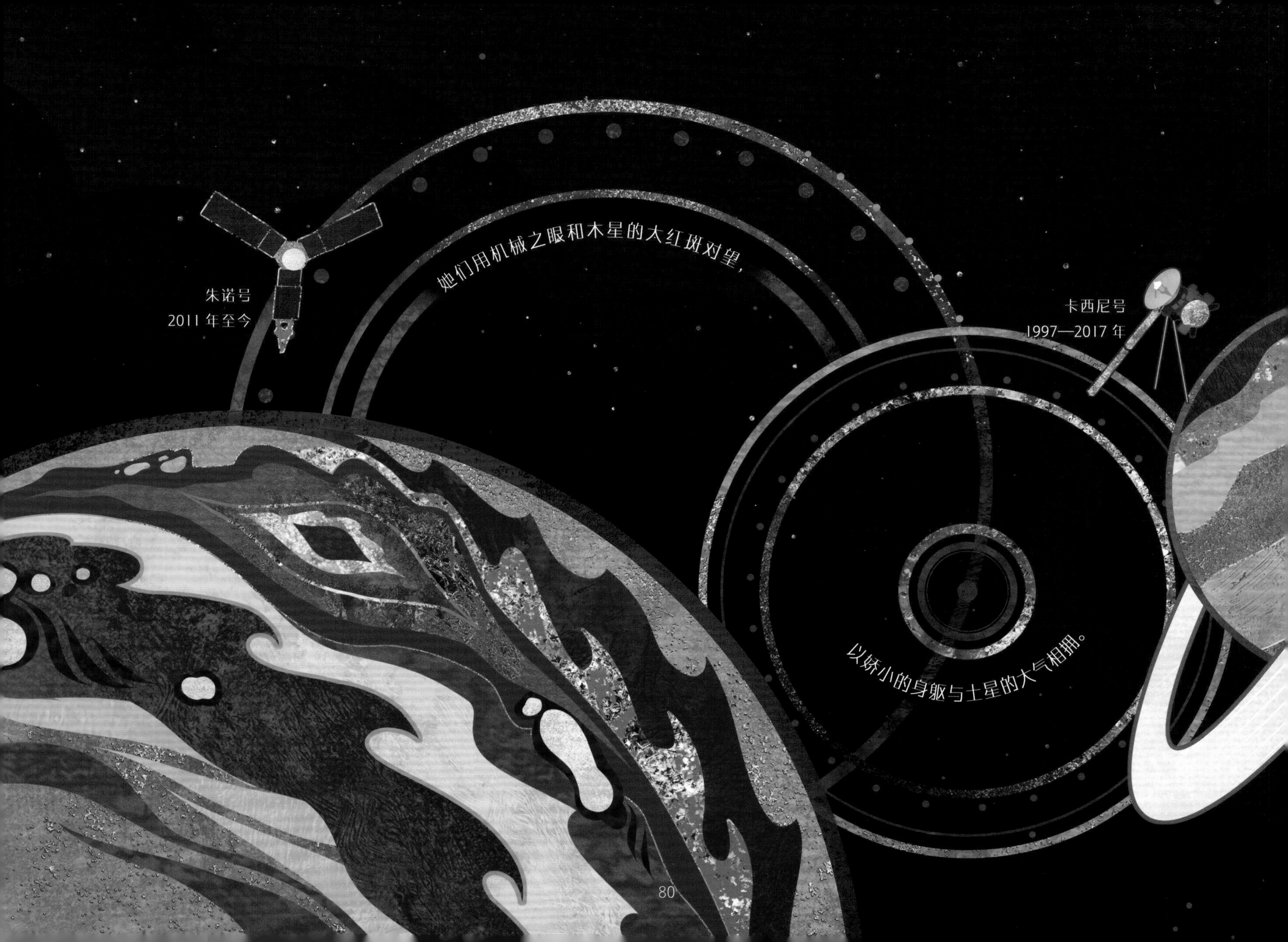

朱诺号
2011 年至今

她们用机械之眼和木星的大红斑对望，

卡西尼号
1997—2017 年

以娇小的身躯与土星的大气相拥。

她们进入天王星和海王星的轨道，
对其投下惊鸿一瞥。
飞掠冥王星的“心脏”，
又前往遥远的柯伊伯带。
最后同旅行者一般，朝着未知的前方航行。
新视野号
2006 年至今

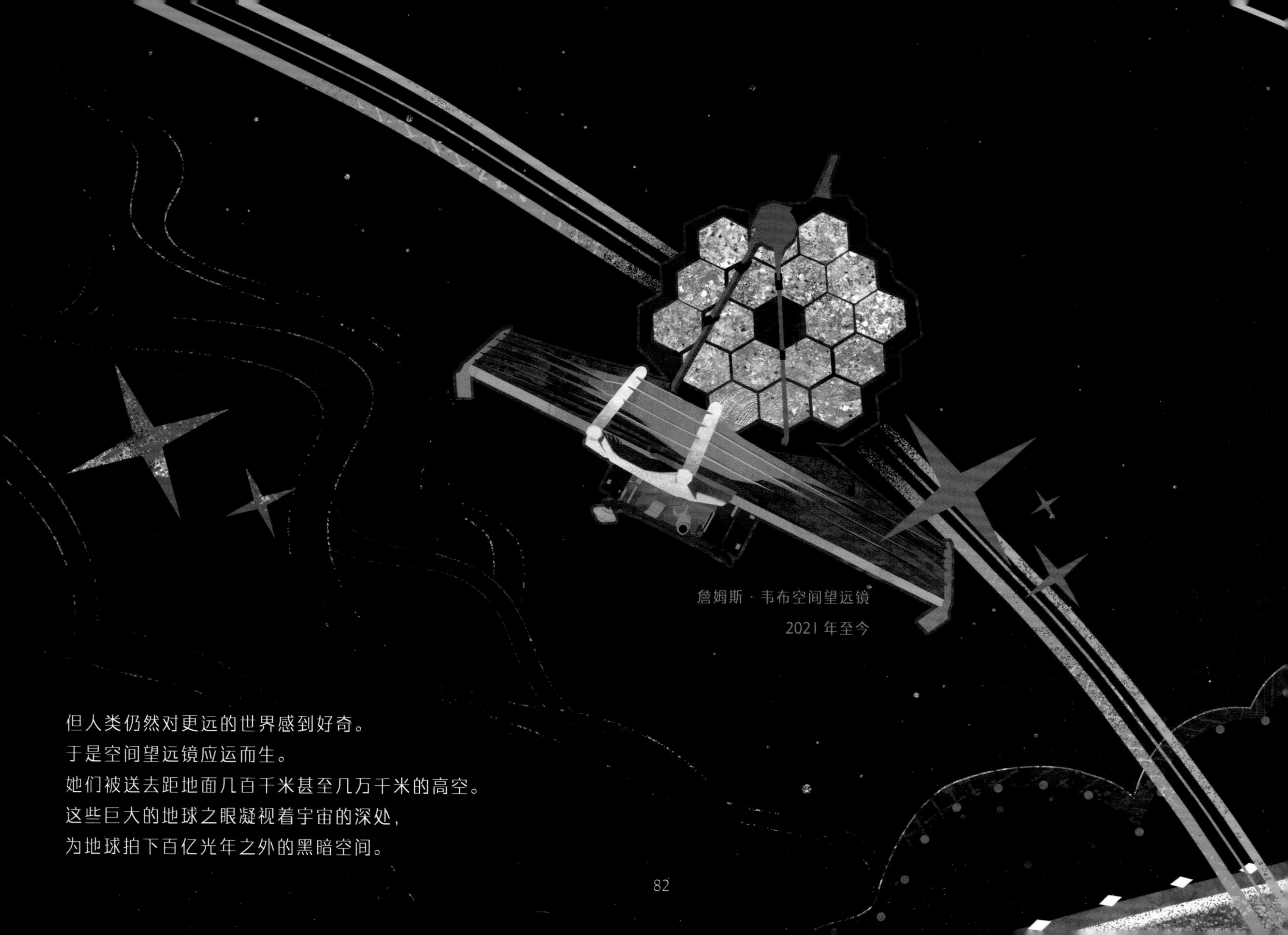

詹姆斯·韦布空间望远镜

2021 年至今

但人类仍然对更远的世界感到好奇。
于是空间望远镜应运而生。
她们被送去距地面几百千米甚至几万千米的高空。
这些巨大的地球之眼凝视着宇宙的深处，
为地球拍下百亿光年之外的黑暗空间。

哈勃空间望远镜
1990 年至今

我们能看见遥远的宇宙尘埃中闪烁着点点光芒，
那是星云孕育的初生恒星。
它们燃烧着内核，
直到垂死的那一刻到来。

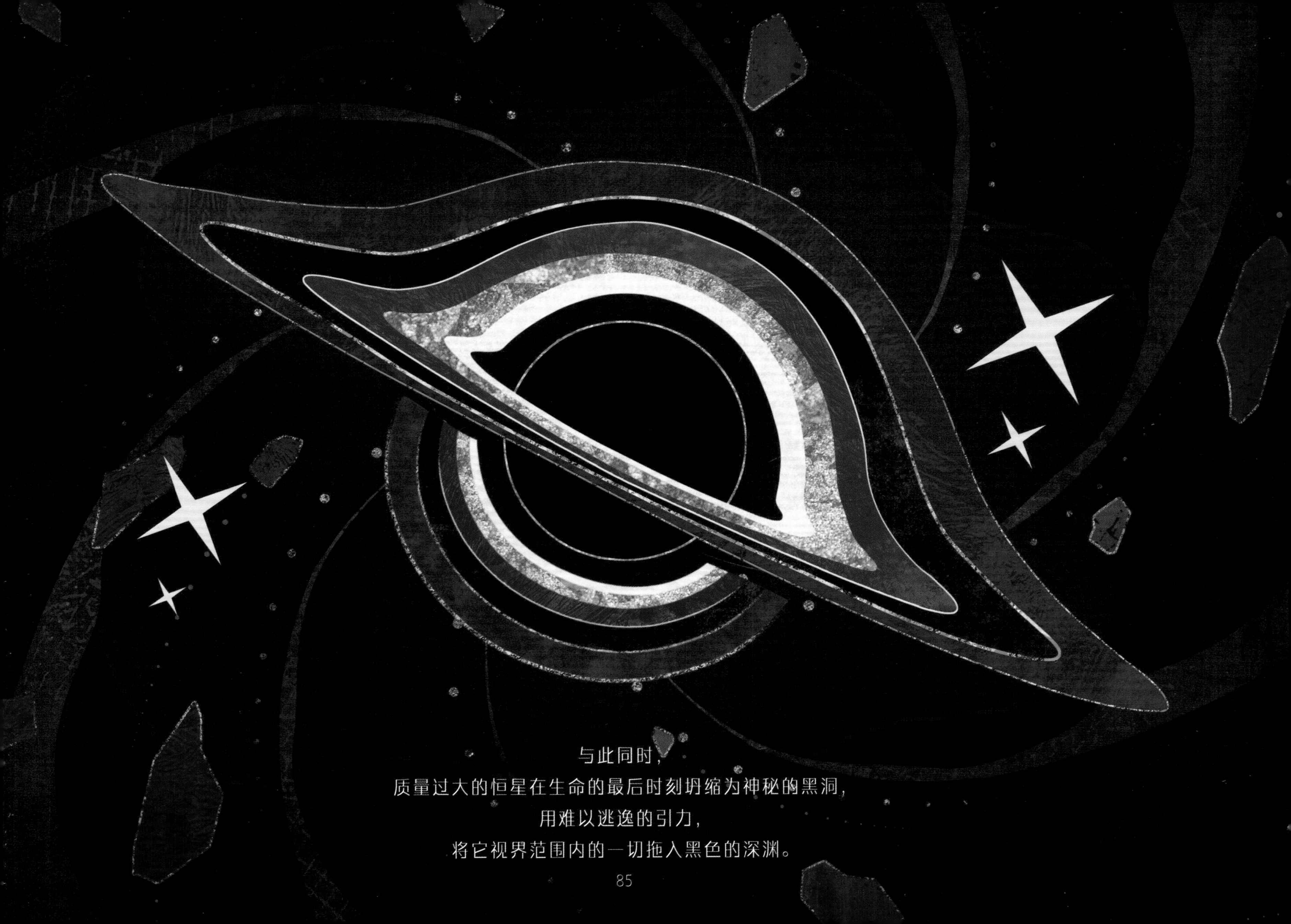

与此同时，
质量过大的恒星在生命的最后时刻坍缩为神秘的黑洞，
用难以逃逸的引力，
将它视界范围内的一切拖入黑色的深渊。

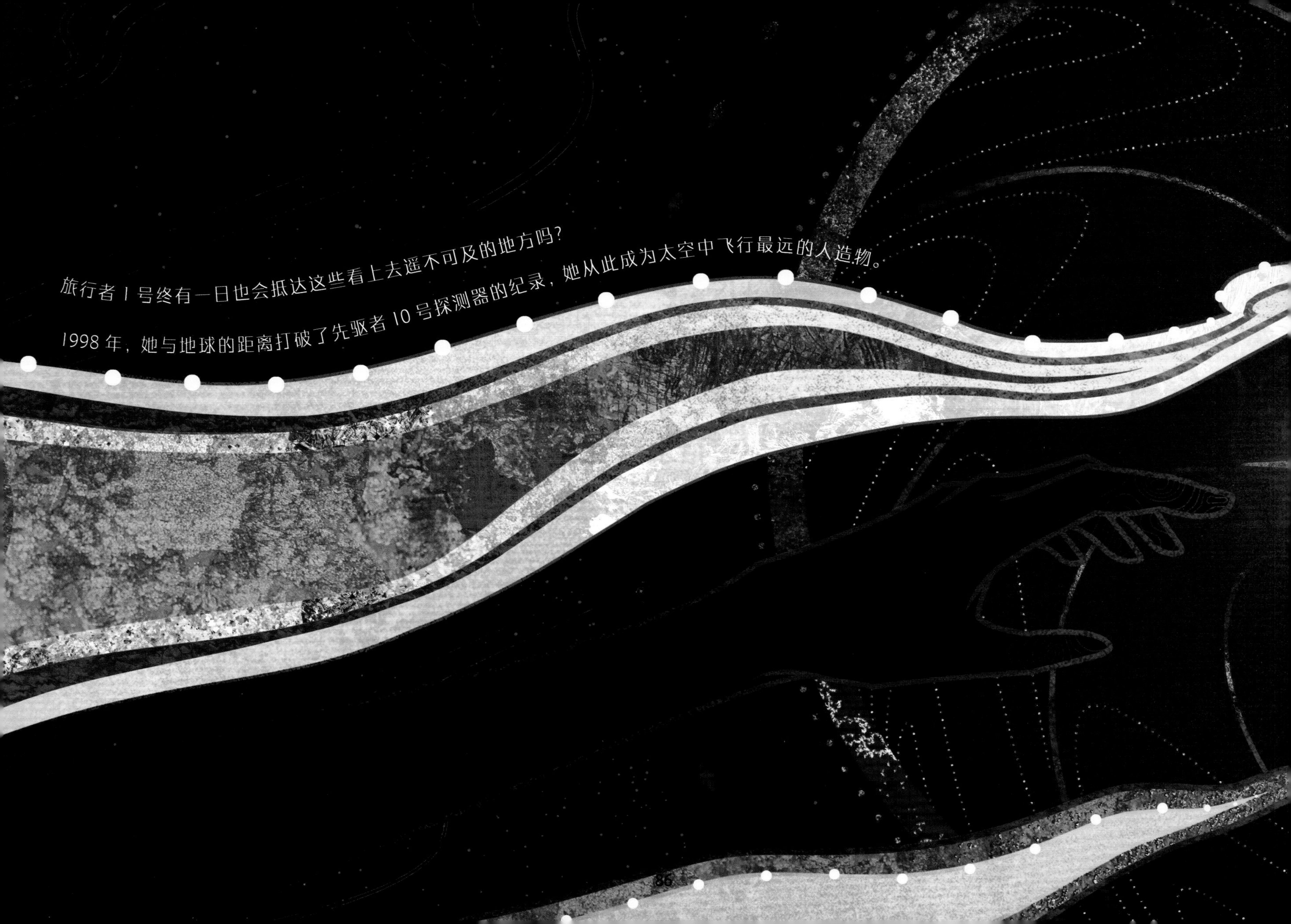

旅行者 1 号终有一日也会抵达这些看上去遥不可及的地方吗？

1998 年，她与地球的距离打破了先驱者 10 号探测器的纪录，她从此成为太空中飞行最远的人造物。

时至今日，旅行者们仍然在星际间穿梭：
当我们有了子孙，她们仍在前行；
当我们老去，她们会继续前进；
在遥远的数万年之后，
她们依然不会停下探寻的脚步。

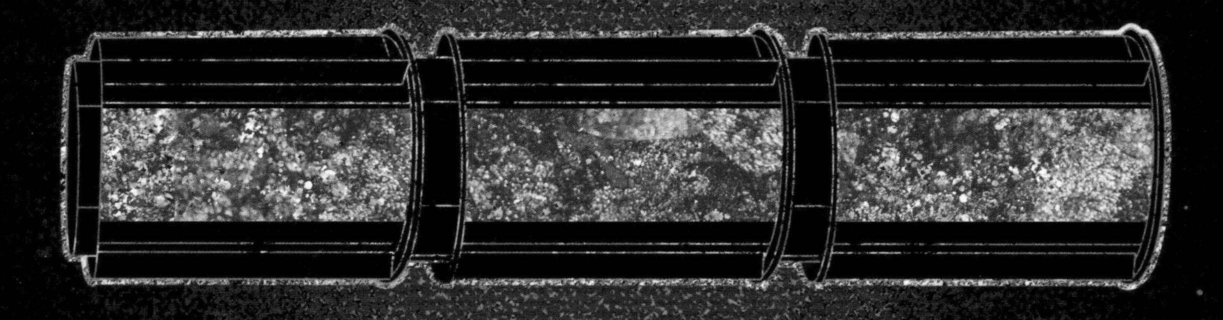

只是她们送向地球的信号终将日渐微弱——
终有一天，
旅行者1号的电量将耗尽。
她会永远陷入沉睡，再也无法与地球通信。

就像漂流瓶一般，
旅行者们带着人类的问候去往未知世界。
她们的故事将被人们铭记。
一代又一代的人类，
会永远保持对宇宙深处的好奇。

循 此 金 色 航 迹 ， 我 们 的 目 光 穿 越 百 亿 光 年 的 距 离 。

仿 佛 望 见 孤 独 的 行 者 ， 她 们 穿 梭 寰 宇 ， 终 达 群 星 。

这是一本讲述旅行者号探测器在宇宙中航行见闻的绘本，也是一本浪漫动人的航天史科普书。作者用简洁的文字、震撼人心的画面，展现了人类探索宇宙的传奇故事，唤起我们对头顶群星的憧憬、对宇宙深处的向往，也让我们不禁对科学探索精神的薪火相传由衷感叹。

——北京天文馆副馆长、北京古观象台台长

齐锐

站在 2025 年这个时间节点回望，人类已经向地球之外发射了数百台深空探测器，但旅行者号在其中依然十分特殊。它们探访了外太阳系的巨行星们，它们首次穿越太阳风的边界，它们是迄今为止飞行最远的人造物……作为人类文明的使者，旅行者号现在仍日夜不停地向太阳系外的星际空间飞去。让我们在书中重温旅行者号的壮阔征程，回顾人类探索宇宙的足迹——

“循此苦旅，以达天际”。

——东京大学行星科学博士、著名科普作家

徐蒙